水利施工企业安全生产标准化管理表格应用与示例

张继真　信永达 等　编著

·北京·

内容提要

本书表格是在多年的安全生产标准化实践过程中编制的，按照水利施工企业安全生产标准化评审要求，不断总结、归纳、分析和完善水利施工企业的安全生产管理工作，将《水利水电施工企业安全生产标准化评审标准》进行了提取和细化，制作了水利施工企业安全生产标准化管理表格，且与《水利水电施工企业安全生产标准化评审标准》中8个一级项目、28个二级项目和149个三级项目逐一对应，内容包括目标职责、制度化管理、教育培训、现场管理、安全风险管控及隐患排查治理、应急管理、事故处理等。

本书以系统、直观、翔实的表格形式呈现，可应用于不同水利施工项目安全生产监督管理工作中，具有很强的指导性、针对性和可操作性，为水利施工企业安全生产标准化管理提供了参考。

图书在版编目（CIP）数据

水利施工企业安全生产标准化管理表格应用与示例 / 张继真，信永达编著. -- 北京 : 中国水利水电出版社, 2021.10
ISBN 978-7-5226-0183-0

Ⅰ. ①水… Ⅱ. ①张… ②信… Ⅲ. ①水利施工企业－安全生产－标准化管理－表格 Ⅳ. ①TV513-62

中国版本图书馆CIP数据核字(2021)第215704号

书　　名	水利施工企业安全生产标准化管理表格应用与示例 SHUILI SHIGONG QIYE ANQUAN SHENGCHAN BIAOZHUNHUA GUANLI BIAOGE YINGYONG YU SHILI
作　　者	张继真　信永达　等 编著
出版发行	中国水利水电出版社 （北京市海淀区玉渊潭南路1号D座　100038） 网址：www.waterpub.com.cn E-mail：sales@waterpub.com.cn 电话：（010）68367658（营销中心）
经　　售	北京科水图书销售中心（零售） 电话：（010）88383994、63202643、68545874 全国各地新华书店和相关出版物销售网点
排　　版	北京图语包装设计有限公司
印　　刷	北京虎彩文化传播有限公司
规　　格	184mm×260mm　16开本　16.875印张　498千字
版　　次	2021年10月第1版　2021年10月第1次印刷
定　　价	**68.00元**

《水利施工企业安全生产标准化管理表格应用与示例》编写人员

主　编　张继真

副主编　信永达　蒋迪

编　者　吕海有　苗立峰　周照斌　刘心刚
　　　　秦希严　张宇博　张洪海　苏　生
　　　　谢如意　杨　帆　尹　航　黄　亮
　　　　孔凡影

前　言

安全生产关系着人民群众的生命财产安全、关系到改革发展、稳定的大局和经济建设的健康发展，是一切工作的保证。党中央、国务院高度重视安全生产工作，习近平总书记、李克强总理作出重要指示和批示，从坚持人民利益至上、维护社会安定、保障人民群众安居乐业的高度，深刻阐明了安全生产工作的重大意义，明确指出了安全生产工作面临的严峻形势，对安全生产工作提出了更加具体、更为严格的要求，充分体现了党中央、国务院对人民群众生命财产安全的高度关切。

水利部高度重视水利行业安全生产工作，从2011年开始，持续推进水利行业安全生产标准化建设。开展水利安全生产标准化建设是贯彻落实《中华人民共和国安全生产法》的重要举措，对落实水利行业安全生产主体责任，提升安全生产管理水平，实现安全生产管理法制化、规范化和现代化具有重要意义，是提高安全监管水平的有力抓手。

为消除事故隐患，筑牢安全防线，做好水利施工企业的安全生产工作，加强安全生产标准化管理已成必然趋势。水利施工企业安全生产标准化达标创建主要依据水利部印发的《水利安全生产标准化评审管理暂行办法》，但该评审标准仅明确了各项要求，在实际应用中以何种方式来管理、用何种方式来体现等没有具体明确，且各水利施工企业施工项目多，分布广，在日常的安全生产监督管理中，存在着各施工项目日常管理无序，没有形成标准统一的管理模式。甚至存在着同一施工企业，各个施工项目的管理方式方法，不标准、不规范、不统一的现象。

松辽水利水电开发有限责任公司（以下简称“松辽水电开发公司”）于2016年开展安全标准化达标创建工作，历经两年的创建工作，2018年松辽水电开发公司被水利部评为水利施工企业安全生产标准化达标单位。在多年的安全生产标准化实践过程中，松辽水电开发公司按照水利施工企业安全生产标准化评审要求，不断总结、归纳、分析和完善水利施工企业的安全生产管理工作，将《水利水电施工企业安全生产标准化评审标准》进行了提取和细化，制作了水利施工企业安全生产标准化管理表格，与《水利水电施工企业安全生产标准化评审标准》中8个一级项目、28个二级项目和149个三级项目逐一对应，内容包括目标职责、制度化管理、教育培训、现场管理、安全风险管控及隐患排查治理、应急管理、事故处理等，并以国家172项节水供水重点工程之一的吉林西部供水工程（乾安片区）施工二标段项目为例，详细列举了表格填写示例，内容全面，细化了施工项目各个环节的安全管理，最终编制了《水利施工企业安全生产标准化管理表格应用与示例》，本书以系统、直观、翔实的表格形式呈现，可应用于不同水利施工项目安全生产监督管理工作中，具有很强的指导性、针对性和可操作性，为水利施工企业安全生产标准化管理提供了参考。

通过三年的不断完善与实践应用，证明本书汇集的表格能够规范水利工程施工全过程的管理，大幅度提高从业人员的安全防护技能，有效防范生产安全事故的发生，对科学有效推进安全生产标准化管理工作发挥支撑作用，形成的表格化管理模式解决了日常安全管理无序，管理方法不统一、不标准、不规范等问题。水利施工企业如将之应用在日常的安全生产监督管理中，能满足水利安全生产标准化的各项要求，达到水利施工企业安全生产标准化一级达标单位的安全生产管理水平。

本书的表格在应用过程中得到了松辽委相关处室的肯定，同时也得到了水利施工项目建设单位、监理单位及同行的高度认同。本书内容全面，符合生产工作实际情况，语言精练，表格清晰明了，通俗易懂，满足广大水利施工企业一线职工开展安全生产管理工作的需要，具有较强的可操作性、实用性和适用性，对规范水利工程施工现场安全生产工作具有指导作用。本书表格应用方便，内容较广，适用于各水利施工企业，具有较高的推广使用价值。

本书是由松辽水电开发公司集体智慧的结晶，是在生产实践中不断总结和提炼出来的。第一部分水利施工企业安全生产标准化管理表格，主要由信永达、苗立峰、张宇博编写；第二部分应用与示例——吉林西部供水工程（乾安片区）施工二标段项目，主要由蒋迪、周照斌、刘心刚编写；吕海有、秦希严、张洪海、苏生、谢如意、杨帆、尹航、黄亮、孔凡影等均参与了编写工作；全书由张继真、信永达统稿。

因主客观条件的限制，本书在编写过程中难免会有一些疏漏或不当之处，恳请读者批评指正，我们将进一步完善表格内容。

编者

2021 年 5 月

目　录

第一部分

水利施工企业安全生产标准化管理表格

一、目 标 职 责

表 1.1-1 安 全 生 产 目 标 分 解

编号：××AQ01-01

<table>
<tr><td>安全生产目标</td><td colspan="3">××××年度安全生产目标：
例：1.不发生重伤或死亡事故；
2.不发生施工机械设备事故；
3.不发生火灾、爆炸事故；
4.不发生负主要责任的交通事故；
5.从业人员轻伤率控制在 3%以内；
6.安全责任落实率 100%；
7.安全生产投入到位率 100%；
8. ……</td></tr>
<tr><td>序号</td><td>部门</td><td>目标分解</td><td>责任人</td></tr>
<tr><td>1</td><td>安全质量部</td><td>例：1.做好项目部安全生产日常检查、综合检查、专项检查等各项检查工作；
2.督促检查、落实安全整改措施，做到事故隐患整改按时完成率 100%，达标率 100%；
3. ……</td><td>安全质量部部长</td></tr>
<tr><td>2</td><td>财务部</td><td>例：1.检查项目部安全生产费用的提取、使用情况，保证工程项目安全生产费用的有效使用；
2.做好财务资料的保管工作；
3. ……</td><td>财务部部长</td></tr>
<tr><td>3</td><td>……</td><td></td><td>……</td></tr>
<tr><td>4</td><td></td><td></td><td></td></tr>
<tr><td></td><td></td><td></td><td></td></tr>
<tr><td></td><td></td><td></td><td></td></tr>
</table>

注 本表编制依据：《国务院关于进一步加强企业安全生产工作的通知》（国发〔2010〕23 号）、《企业安全生产标准化基本规范》（GB/T 33000—2016）、《建筑施工企业安全生产管理规范》（GB 50656—2011）、《水利水电工程施工安全管理导则》（SL 721—2015）。

表 1.1-2 安全生产目标监督检查记录

编号：××AQ01-02

<table>
<tr><td>检查单位</td><td>××公司安全生产领导小组</td><td>检查时间</td><td>××××年×月×日</td></tr>
<tr><td>被检查单位</td><td>例：××工程</td><td>责任人</td><td>项目经理</td></tr>
<tr><td colspan="3">检查内容</td><td>完成情况</td></tr>
<tr><td colspan="3">例：1.员工安全生产教育培训率 100%</td><td>☑是 □否</td></tr>
<tr><td colspan="3">例：2.不发生一般及以上施工机械设备事故</td><td>☑是 □否</td></tr>
<tr><td colspan="3">例：3.安全防护设施设备完好率 100%</td><td>□是 ☑否</td></tr>
<tr><td colspan="3">……</td><td>□是 □否</td></tr>
<tr><td colspan="3"></td><td>□是 □否</td></tr>
<tr><td colspan="3"></td><td>□是 □否</td></tr>
<tr><td colspan="3"></td><td>□是 □否</td></tr>
<tr><td colspan="3"></td><td>□是 □否</td></tr>
<tr><td colspan="3"></td><td>□是 □否</td></tr>
<tr><td colspan="3"></td><td>□是 □否</td></tr>
<tr><td colspan="3"></td><td>□是 □否</td></tr>
<tr><td colspan="3"></td><td>□是 □否</td></tr>
<tr><td colspan="3"></td><td>□是 □否</td></tr>
<tr><td colspan="3"></td><td>□是 □否</td></tr>
<tr><td colspan="3"></td><td>□是 □否</td></tr>
<tr><td colspan="3"></td><td>□是 □否</td></tr>
<tr><td colspan="4">检查结论： □完成 □未完成</td></tr>
<tr><td colspan="4">未实现原因分析：（如发现偏差，要及时纠偏和调整安全生产目标）
例：（安全防护设施设备完好率未达到 100%）
1. 安全帽有不同程度的破损；
2. ……</td></tr>
<tr><td>检查人</td><td>（公司安全生产领导小组组员）</td><td>检查组负责人</td><td>（公司安全生产领导小组组长）</td></tr>
</table>

注 本表编制依据：《国务院关于进一步加强企业安全生产工作的通知》（国发〔2010〕23 号）、《企业安全生产标准化基本规范》（GB/T 33000—2016）、《建筑施工企业安全生产管理规范》（GB 50656—2011）、《水利水电工程施工安全管理导则》（SL 721—2015）。

表 1.1-3　安全生产责任制落实情况检查记录

编号：××AQ01-03

<table>
<tr><td>检查单位</td><td>例：××公司安全生产领导小组</td><td>检查时间</td><td>××××年×月×日</td></tr>
<tr><td>被检查单位</td><td>例：××工程/公司××部</td><td>责任人</td><td>项目经理/××部部长</td></tr>
<tr><td colspan="3">检查内容</td><td>检查情况</td></tr>
<tr><td colspan="3">例：1.不发生重伤或死亡事故</td><td>☑是　□否</td></tr>
<tr><td colspan="3">例：2.不发生一般及以上施工机械设备事故</td><td>☑是　□否</td></tr>
<tr><td colspan="3">例：3.安全责任落实率 100%</td><td>☑是　□否</td></tr>
<tr><td colspan="3">……</td><td>□是　□否</td></tr>
<tr><td colspan="3"></td><td>□是　□否</td></tr>
<tr><td colspan="3"></td><td>□是　□否</td></tr>
<tr><td colspan="3"></td><td>□是　□否</td></tr>
<tr><td colspan="3"></td><td>□是　□否</td></tr>
<tr><td colspan="3"></td><td>□是　□否</td></tr>
<tr><td>检查结论</td><td colspan="3">□完成　□未完成</td></tr>
<tr><td colspan="4">存在问题描述：
例：1. 安全责任落实不到位：经检查，有一名职工不了解自己岗位安全生产职责。</td></tr>
<tr><td>检查人</td><td>（安全生产领导小组组员）</td><td>检查组负责人</td><td>（安全生产领导小组组长）</td></tr>
</table>

注　本表编制依据：《国务院关于进一步加强企业安全生产工作的通知》（国发〔2010〕23 号）、《企业安全生产标准化基本规范》（GB/T 33000—2016）、《建筑施工企业安全生产管理规范》（GB 50656—2011）、《水利水电工程施工安全管理导则》（SL 721—2015）。

表 1.1-4　会 议 签 到 表

编号：××AQ01-04

会议主题	例：××××年度第一次安全生产领导小组例会				
时间	××××年×月×日		地点	例：公司/项目部会议室	
部门	姓名	职务/岗位	部门	姓名	职务/岗位
例：经理办	×××	×××			
×××	×××	×××			
×××	×××	×××			
例：总工办	×××	×××			
×××	×××	×××			
×××	×××	×××			
例：安全质量部	×××	×××			
×××	×××	×××			
×××	×××	×××			
例：办公室	×××	×××			
……	……	……			
备注	（如因故不能参加，需填写缘由） 例：××部门×××因出差（或其他实际缘由）未能参加此项会议。				

注　本表由职能部门或项目部填写，用于各类会议签到表。

表 1.1-5　安全生产投入计划

编号：××AQ01-05

序号	工程项目名称	计划完成产值/万元	提取标准	提取金额/万元	备注
1	例：例：××工程段	例：1000	例：2%	例：20	××
2	……	……	……	……	……
批准：（项目经理）		审核：（财务部部长）		编制：（安全质量部职员）	

注　本表编制依据：《水利水电工程施工安全管理导则》（SL 721—2015）、《中华人民共和国安全生产法》、《中华人民共和国职业病防治法》、《建设工程安全生产管理条例》、《水利部关于发布〈水利工程涉及概估算编制规定〉的通知》（水总〔2014〕429 号）、《企业安全生产费用提取和使用管理办法》（财企〔2012〕16 号）。

表 1.1-6　安全生产费用使用计划

编号：××AQ01-06

序号	费用项目	金额/万元	使用日期	备注
1	完善、改造和维护安全防护设施设备支出（不含“三同时”要求初期投入的安全设施），包括施工现场临时用电系统、洞口、临边、机械设备、高处作业防护、交叉作业防护、防火、防爆、防尘、防毒、防雷、防台风、防地质灾害、地下工程有害气体监测、通风、临时安全防护等设施设备支出	×××	××××年×月×日	（填写另需说明的相关内容）
2	配备、维护、保养应急救援器材、设备支出和应急演练支出	×××	××××年×月×日	……
3	开展重大危险源和事故隐患评估、监控和整改支出	×××	××××年×月×日	……
4	安全生产检查、评价（不包括新建、改建、扩建项目安全评价）、咨询和标准化建设支出	×××	××××年×月×日	……
5	配备和更新现场作业人员安全防护用品支出	×××	××××年×月×日	……
6	安全生产宣传、教育、培训支出	×××	××××年×月×日	……
7	安全生产适用的新技术、新标准、新工艺、新装备的推广应用支出	×××	××××年×月×日	……
8	安全设施及特种设备检测检验支出	×××	××××年×月×日	……
9	其他与安全生产直接相关的支出	×××	××××年×月×日	……
批准：（项目经理）　审核：（财务部部长）　编制：（安全质量部职员）　日期：××××年×月×日				

注　本表编制依据：《水利水电工程施工安全管理导则》（SL 721—2015）、《中华人民共和国安全生产法》、《中华人民共和国职业病防治法》、《建设工程安全生产管理条例》、《水利部关于发布〈水利工程涉及概（估）算编制规定〉的通知》（水总〔2014〕429 号）、《关于印发〈企业安全生产费用提取和使用管理办法〉的通知》（财企〔2012〕16 号）。

表 1.1-7　安全生产费用审批表

编号：××AQ01-07

申请部门：公司安全质量部/项目部质量安全部

部门负责人：（部长签字/项目经理）

日期：××××年×月×日

<table>
<tr><td>项目名称</td><td colspan="2">例：××工程</td></tr>
<tr><td>项目性质</td><td colspan="2">例：新建（扩建、改建、迁建、恢复等）项目</td></tr>
<tr><td>申请理由及效果</td><td colspan="2">例：保障项目部正常安全生产所需</td></tr>
<tr><td>工艺及布置说明</td><td colspan="2">（填写该项目实际工艺及布置说明）</td></tr>
<tr><td>项目主要内容</td><td colspan="2">例：（填写该项目实际施工内容）</td></tr>
<tr><td>所需主要设备（材料）数量</td><td colspan="2">例：灭火器 30 个；灭火毯 10 个；……</td></tr>
<tr><td>完成时间和进度</td><td colspan="2">例：（填写该项目预计完成时间和实际完成进度）</td></tr>
<tr><td rowspan="5">审批意见</td><td>安全质量部</td><td>（部长签字）</td></tr>
<tr><td>财务部</td><td>（部长签字）</td></tr>
<tr><td>分管安全副总经理</td><td></td></tr>
<tr><td>总会计师</td><td></td></tr>
<tr><td>总经理</td><td></td></tr>
<tr><td>备注</td><td colspan="2">（此项为填写另需说明的相关内容）</td></tr>
</table>

注　本表编制依据：《水利水电工程施工安全管理导则》（SL 721—2015）、《中华人民共和国安全生产法》、《中华人民共和国职业病防治法》、《建设工程安全生产管理条例》、《水利部关于发布〈水利工程涉及概（估）算编制规定〉的通知》（水总〔2014〕429 号）、《关于印发〈企业安全生产费用提取和使用管理办法〉的通知》（财企〔2012〕16 号）。

表 1.1-8　安全生产费用使用台账

编号：××AQ01-08

序号	费用大类	使用细目	费用/元
1	完善、改造和维护安全防护、检测、探测设备、设施支出	①“四口”“五临边”等防护、防滑设施	例：10000.00
		②防止物体、人员坠落设置的安全网、安全棚等	×××. ××
		③安全警示、警告标示、标牌及安全宣传栏等购买、制作、安装及维修、维护	×××. ××
		④特种设备、压力容器、避雷设施、大型施工机械、支架等检测检验，设备维修养护	×××. ××
		⑤其他安全防护设施、检测设施、设备	×××. ××
2	配备必要的应急救援器材、设备和现场作业人员安全防护物品支出	①各种应急救援设备及器材、救生衣、救生圈，急救药箱及器材	×××. ××
		②安全帽、保险带、手套、雨鞋、口罩等现场作业人员安全防护用品	×××. ××
		③其他专门为应急救援所需而准备的物资、专用设备、工具	×××. ××
3	安全生产检查与评价支出	①日常安全生产检查、评估	×××. ××
		②聘请专家参加与安全检查和评价	×××. ××
4	重大危险源、重大事故隐患的评估、监控、整改支出	①对重大危险源、重大事故隐患进行辨别、评估、整改、监控、监管	×××. ××
		②爆破物、放射性物品储存、使用、防护	×××. ××
		③对重大危险因素的分部、分项工程安全专项施工方案进行论证、咨询	×××. ××
5	安全技能培训及进行应急救援演练支出	①“三类人员”和特种作业人员的安全教育培训、复训	×××. ××
		②内部组织的安全技术、知识培训教育	×××. ××
		③组织应急救援演练	×××. ××
6	其他与安全生产直接相关的支出	①召开安全生产专题会议等相关活动	×××. ××
		②举办安全生产为主题的知识竞赛、技能比赛等活动	×××. ××
		③安全经验交流、现场观摩	×××. ××
		④购置、编印安全生产书籍、刊物、影像资料	×××. ××
		⑤配备给专职安全使用的相机、电脑等物品	×××. ××
		⑥安全生产奖励：发给专职安全员工资以外的安全目标考核奖励，安全生产工作先进个人、集体的奖励	×××. ××
安全生产费用总额			×××. ××
合同投标价			×××. ××
比例			××%

注　1. 本表编制依据：《水利水电工程施工安全管理导则》（SL 721—2015）、《中华人民共和国安全生产法》、《中华人民共和国职业病防治法》、《建设工程安全生产管理条例》、《水利部关于发布〈水利工程涉及概（估）算编制规定〉的通知》（水总〔2014〕429 号）、《关于印发〈企业安全生产费用提取和使用管理办法〉的通知》（财企〔2012〕16 号）。

2.投标单位可根据自身施工特点对本表所列的“使用细目”进行有针对性地增减或调整，并填报相应费用及费用组成明细表，细化到列清各种配置设施的名称、数量、单价。

表 1.1-9　安全生产费用使用情况汇总表

<u>××××</u> 年度第<u>×</u>季度

编号：××AQ01-09

工程项目：例：××工程　　　　工程造价：10000000.00　　　　单位：元

年	月	日	凭证号	摘要	完善、改造和维护安全防护设施设备支出	配备、维护、保养应急救援器材、设备支出和应急演练支出	开展重大危险源和事故隐患评估、监控和整改支出	安全生产检查、评价(不包括新建、改建、扩建项目安全评价)、咨询和标准化建设支出	配备和更新现场作业人员安全防护用品支出	安全生产宣传、教育、培训支出	安全生产适用的新技术、新标准、新工艺、新装备的推广应用支出	安全设施及特种设备检测检验支出	其他与安全生产直接相关的支出
××××	×	×	××		×××.××		×××.××		×××.××			×××.××	
××××	×	×	××			×××.××		×××.××			×××.××		×××.××
项目经理：（项目经理签字）							复核：（安全质量部部长）		制表：（财务部职员）			日期：××××年×月×日	

注　1. 本表编制依据：《水利水电工程施工安全管理导则》（SL 721—2015）、《中华人民共和国安全生产法》、《中华人民共和国职业病防治法》、《建设工程安全生产管理条例》、《水利部关于发布〈水利工程涉及概（估）算编制规定〉的通知》（水总〔2014〕429 号）、《关于印发〈企业安全生产费用提取和使用管理办法〉的通知》（财企〔2012〕16 号）。

2. 投标单位可根据自身施工特点对本表所列的“使用细目”进行有针对性地增减或调整，并填报相应费用及费用组成明细表，细化到列清各种配置设施的名称、数量、单价。

3. 财务人员制表，安全人员复核。

二、制度化管理

表 1.2-1　《××公司安全生产制度汇编》评审与修订记录

编号：××AQ02-01

评审主持人	（分管安全经理/项目经理）	职　务	分管安全经理/项目经理
评审日期	××××年×月×日	评审地点	例：公司/项目部会议室
《××公司安全生产制度汇编》修订内容： 例：一、编制依据有更改： 1.第×页：将“3.1”中“《中华人民共和国安全生产法》”更改为“《中华人民共和国安全生产法》（主席令第 13 号）”。 2.第×页：…… 二、文本内容有更改： 1.第×页：将“4.3.7”中“资产管理部”更改为“办公室”。 2.第×页：…… 三、内容增加： 1.第×页：在“4.5.2.1”中增加“组织本部门有效实施安全标准化管理体系文件，负责公司物资设备的全面管理工作。” 2.第×页：…… 四、……			
参加修订人员签名： （实际参加修订人员）			
审查意见： 例：经审查，符合当前法律法规和公司（项目部）实际需要，不同意修订。			
审查人员签名： （董事长）（总经理）（副总经理）　/　（项目经理）（监理）			

注　本表一式___份，由评审单位填写，并印发内部各部门和相关参建单位。

表 1.2-2　安全生产标准化文件合规性检查评估

编号：××AQ02-02

项目名称	检查记录	评估结果	颁布部门	备注
安全生产相关法律	例：××××年×月×日，安全生产领导小组（或其他检查人员）对公司（项目部）安全生产相关法律文件进行检查	（合格/不合格）	全国人大	（填写另需说明的相关内容）
安全生产相关行政法规	例：××××年×月×日，安全生产领导小组（或其他检查人员）对公司（项目部）安全生产相关行政法规文件进行检查	（合格/不合格）	国务院	
安全生产相关部门规章	例：××××年×月×日，安全生产领导小组（或其他检查人员）对公司（项目部）安全生产相关部门规章进行检查	（合格/不合格）	国务院所属各部、委、局	
安全生产相关规范性文件	例：××××年×月×日，安全生产领导小组（或其他检查人员）对公司（项目部）安全生产相关规范性文件进行检查	（合格/不合格）	国务院所属各部、委、局	
安全生产相关标准	例：××××年×月×日，安全生产领导小组（或其他检查人员）对公司（项目部）安全生产相关标准文件进行检查	（合格/不合格）	分为国家标准、行业标准和地方标准	

表 1.2-3　文件发放收回记录

编号：××AQ02-03

发放记录						收回记录		备注
文件名称	文件编号	发放日期	发放份数	签收部门	签收人	收回日期	收回原因	
例：《水利水电起重机械安全规程》	例：SL 425—2017	××××年×月×日	×	例：财务部	×××	××××年×月×日	（填写实际原因）	（填写另需说明的相关内容）
……	……	……	……	……	……	……	……	……

注　本表编制依据：《中华人民共和国档案法》。

表 1.2-4 文件资料存档登记

编号：××AQ02-04

序号	文件编号	文件名称	原件/复印件	页数	份数	存档位置	存档人	存档时间
1	例：SL 425—2017	例：《水利水电起重机械安全规程》	（原件/复印件）	例：20	例：2	（填写实际存档位置）	×××	××××年×月×日
2	……	……	……	……	……	……	……	……

注 本表编制依据：《中华人民共和国档案法》。

表 1.2-5　资料借阅登记表

编号：××AQ02-05

序号	文件编号	文件名称	原件/复印件	借阅人	份数	借阅日期	归还日期	备注
1	例：SL 425—2017	例：《水利水电起重机械安全规程》	（原件/复印件）	×××	例：1	××××年×月×日	××××年×月×日	（填写另需说明的相关内容）
2	……	……	……	……	……	……	……	……

注　本表编制依据：《中华人民共和国档案法》。

三、教 育 培 训

表 1.3-1 ____××××____年度员工培训计划

编号：××AQ03-01

单位（项目部）：例：××公司/××工程段

序号	培训内容	培训类型	培训对象	承办单位	参加人数	培训时间	备注
1	例：××××年度三类人员安全教育培训	例：三类人员安全教育培训	例：公司（项目部）三类安全生产人员	例：××公司/××工程段	例：20	××××年×月	（填写另需说明的相关内容）
2	……	……	……	……	……	……	……

编制：（安全质量部/安全质量部职员）　　审核：（人力资源部部长）

批准：（企业法定代表人/项目经理）　　日期：××××年×月×日

注 本表编制依据：《中华人民共和国安全生产法》、《中华人民共和国职业病防治法》、《国务院安委会关于进一步加强安全培训工作的决定》（安委〔2012〕10号）、《安全生产培训管理办法》（安监总局令第44号发布，第80号令修改）、《水利水电工程施工通用安全技术规程》（SL 398—2007）、《水利水电工程施工安全管理导则》（SL 721—2015）。

表 1.3-2　培训申请表

编号：××AQ03-02

单位（项目部）：例：××公司/××工程段

<table>
<tr><td>培训主题</td><td>例：××××年度消防安全培训</td><td>培训单位</td><td>公司/项目部</td></tr>
<tr><td>培训时间</td><td colspan="3">××××年×月×日</td></tr>
<tr><td colspan="4">申请原由：
例：为了贯彻落实国家安全生产法律法规及公司的安全生产规章制度，全面提高我公司（项目部）员工的消防安全意识，进一步提升我公司（项目部）防火防控能力，减少和避免火灾隐患的发生……，特申请此次培训</td></tr>
<tr><td colspan="4">培训内容：（填写实际培训内容）
例：单位内各消防分区的火灾隐患及预防对策：
一、办公区域电器火灾种类、防火措施及电器设备使用规定
（1）办公区域火灾的危险性。
（2）办公区域火灾发生的原因和种类及常见隐患。
（3）电器设备的使用规定及火灾预防对策。
……</td></tr>
</table>

<table>
<tr><td>所属部门意见：
（同意/不同意）
年　月　日</td><td>安全质量部意见：
（同意/不同意）
年　月　日</td><td>公司意见：
（同意/不同意）
年　月　日</td></tr>
<tr><td colspan="3">备注：（填写另需说明的相关内容）</td></tr>
</table>

注　本表编制依据：《中华人民共和国安全生产法》、《中华人民共和国职业病防治法》、《国务院安委会关于进一步加强安全培训工作的决定》（安委〔2012〕10 号）、《安全生产培训管理办法》（安监总局令第 44 号发布，第 80 号令修改）、《水利水电工程施工通用安全技术规程》（SL 398—2007）、《水利水电工程施工安全管理导则》（SL 721—2015）。

表 1.3-3　培训记录

编号：××AQ03-03

单位（项目部）：例：××公司/××工程段

培训主题	例：20××年度消防安全培训	培训对象	例：公司/项目部（全体）职工
组织培训单位	例：××公司/××工程段	培训人数	例：20
培训时间	××××年×月×日	培训学时	例：6
培训地点	例：公司/项目部会议室		
培训内容摘要：（填写实际培训内容） 例：单位内各消防分区的火灾隐患及预防对策： 一、办公区域电器火灾种类、防火措施及电器设备使用规定： （1）办公区域火灾的危险性。 （2）办公区域火灾发生的原因和种类及常见隐患。 （3）电器设备的使用规定及火灾预防对策。 ……			
培训主管	（公司安全质量部/项目部质量安全部部长）	审核	（分管安全经理/项目经理）

注　本表编制依据：《中华人民共和国安全生产法》、《中华人民共和国职业病防治法》、《国务院安委会关于进一步加强安全培训工作的决定》（安委〔2012〕10号）、《安全生产培训管理办法》（安监总局令第44号发布，第80号令修改）、《水利水电工程施工通用安全技术规程》（SL 398—2007）、《水利水电工程施工安全管理导则》（SL 721—2015）。

表 1.3-4　培训效果评价

编号：××AQ03-04

单位（项目部）：例：××公司/××工程段

<table>
<tr><td>培训主题</td><td colspan="3">例：20××年度消防安全培训</td></tr>
<tr><td>培训时间</td><td>××××年×月×日</td><td>培训地点</td><td>例：公司/项目部会议室</td></tr>
<tr><td>考核方式</td><td>口试 □　　笔试 □</td><td>员工评价</td><td>满意□ 基本满意□ 不满意□</td></tr>
<tr><td colspan="4">对本次培训的效果评价及相关建议：

例：
一、效果评价：
此次培训提高了员工专业技能知识。此次培训效果（非常好/很好/一般/差）。

二、相关建议：（主要针对薄弱环节提出相关建议）
1.（针对学员培训积极性不高），建议以后在开展培训时，要坚持多样化，尽可能以新颖方式授课，提高讲师与学员的互动，提高员工参与的热情和教育效果。
2. ……</td></tr>
<tr><td colspan="4">评价人签字：（分管安全经理/项目经理）　　　　年　月　日</td></tr>
</table>

注　本表编制依据：《中华人民共和国安全生产法》、《中华人民共和国职业病防治法》、《国务院安委会关于进一步加强安全培训工作的决定》（安委〔2012〕10 号）、《安全生产培训管理办法》（安监总局令第 44 号发布，第 80 号令修改）、《水利水电工程施工通用安全技术规程》（SL 398—2007）、《水利水电工程施工安全管理导则》（SL 721—2015）。

表 1.3-5　培训效果评价（个人）

编号：××AQ03-05

单位（项目部）：例：××公司/××工程段

学员姓名	×××	岗位	例：安全员	部门	例：安全质量部	培训班名称	例："三类人员"安全教育培训
培训有效性评价	请在你认为的选项前打上"√"：（依照实际情况填写） 例： 1．培训的安排是否合理：　□合理□较合理□不合理 2．培训内容是否符合培训需求：　□合理□较合理□不合理 3．培训的组织和管理：　□好　□一般　□差 4．培训的收获：　□大　□一般　□差 5．培训教师：　□满意□较满意□不满意						
意见或建议	例： 意见： 1.（员工依据实际意见填写，没有意见可写无） 2. …… 建议：1.（员工依据实际意见填写，没有意见可写无） 2. …… 单位：（盖章） 年　月　日						

注　本表编制依据：《中华人民共和国安全生产法》、《中华人民共和国职业病防治法》、《国务院安委会关于进一步加强安全培训工作的决定》（安委〔2012〕10 号）、《安全生产培训管理办法》（安监总局令第 44 号发布，第 80 号令修改）、《水利水电工程施工通用安全技术规程》（SL 398—2007）、《水利水电工程施工安全管理导则》（SL 721—2015）。

四、现场管理

表 1.4-1　施工设备配置计划

编号：××AQ04-01

填制单位：（章）

序号	设备名称	规格型号	数量	单价/元	功率/kW	进场日期	使用期限/年	备注
1	例：桥式起重机	例：QD 型 75/20-100/20t 吊钩桥式起重机	例：1	例：10000	例：—	××××年×月×日	例：10	（填写另需说明的相关内容）
2	……	……	……	……	……	……	……	……

批准：（公司法定代表人）　　　　审核：（技术负责人）

项目经理：（项目经理）　　　　制表：（安全质量部职员）

注　本表编制依据：《中华人民共和国特种设备安全法》、《中华人民共和国安全生产法》、《特种设备安全监察条例》、《建设工程安全生产管理条例》、《水利工程建设安全生产管理规定》（水利部令第 26 号）、《水利水电工程施工安全管理导则》（SL 721—2015）。

表 1.4-2　施工设备购置申请表

编号：××AQ04-02

××公司：

我单位/项目部按项目工程需求，特申请新增下列施工设备，请批准。

序号	名称	规格型号	生产厂家	预计单价/元	运费/元	利息/%	总价/元	付款方式	备注
1	例：桥式起重机	例：QD 型 75/20-100/20t 吊钩桥式起重机	例：×××起重设备有限公司	×××	例：100	×	×××	全额/分期	（填写另需说明的相关内容）
2	……	……	……	……	……	……	……	……	……
合计		台数：×××台			金额：　××××　元				

总经理（签字）	主管副总（签字）	资产管理部（签字）	部门负责人（签字）	项目部负责人（签字）

注　本表编制依据：《中华人民共和国特种设备安全法》、《中华人民共和国安全生产法》、《特种设备安全监察条例》、《建设工程安全生产管理条例》、《水利工程建设安全生产管理规定》（水利部令第 26 号）、《水利水电工程施工安全管理导则》（SL 721—2015）。

表 1.4-3　施工设备大修理申请表

编号：××AQ04-03

单位（项目部）：例：××公司/××工程段

设备名称	例：桥式起重机	规格型号	例：QD 型 75/20-100/20t 吊钩桥式起重机	出厂编号	例：A000001
统一编号	例：A000000	生产厂家	例：×××起重设备有限公司	生产日期	××××年×月×日
送修厂家	例：×××大型设备修理厂	修理类别	（日常修理/小修/中修/大修/系统性大修）	计划费用	×××元
设备状况： （填写实际设备状况）例：起重机钢丝绳绳芯外漏，卷筒表面有裂纹，有明显的失圆度，压板螺钉已松动……					
检修内容： （填写实际检修内容）例： 1.按照国家标准及要求重新更换起重机钢丝绳； 2.按照国家标准及要求重新更换卷筒表面； 3. ……					
申请单位意见： （同意/不同意） 签章：					
办公室意见： （同意/不同意） 签章：					

注　本表编制依据：《中华人民共和国特种设备安全法》、《中华人民共和国安全生产法》、《特种设备安全监察条例》、《建设工程安全生产管理条例》、《水利工程建设安全生产管理规定》（水利部令第 26 号）、《水利水电工程施工安全管理导则》（SL 721—2015）。

表 1.4-4　自有施工设备台账

编号：××AQ04-04

项目名称：例：××工程段

序号	设备名称	规格型号	制造厂商	出厂编号	购置时间	设备原值/元	折旧年限/年	使用情况	设备所在地
1	例：桥式起重机	例：QD 型 75/20-100/20t 吊钩桥式起重机	例：×××起重设备有限公司	例：A000001	××××年×月×日	×××	例：5	（完好/有磨损/无法正常使用）	例：××省××市
2	……	……	……	……	……	……	……	……	……

填表人：（安全质量部职员）　　　　填表日期：××××年×月×日

注　本表编制依据：《中华人民共和国特种设备安全法》、《中华人民共和国安全生产法》、《特种设备安全监察条例》、《建设工程安全生产管理条例》、《水利工程建设安全生产管理规定》（水利部令第 26 号）、《水利水电工程施工安全管理导则》（SL 721—2015）。

表 1.4-5　租赁施工设备台账

编号：××AQ04-05

项目名称：例：××工程段

序号	设备名称	规格型号	制造厂商	租赁单位	设备编号	租金/元	使用情况	进场时间	备注
1	例：桥式起重机	例：QD 型 75/20-100/20t 吊钩桥式起重机	例：×××起重设备有限公司	例：××公司	例：A000001	×××	（完好/有磨损/无法正常使用）	××××年×月×日	（填写另需说明的相关内容）
2	……	……	……	……	……	……	……	……	……

填表人：（安全质量部职员）　　　　填表日期：××××年×月×日

注　本表编制依据：《中华人民共和国特种设备安全法》、《中华人民共和国安全生产法》、《特种设备安全监察条例》、《建设工程安全生产管理条例》、《水利工程建设安全生产管理规定》（水利部令第 26 号）、《水利水电工程施工安全管理导则》（SL 721—2015）。

表 1.4-6 设备进场安全验收记录

编号：××AQ04-06

项目名称：例：××工程段

设备名称：例：桥式起重机	型号规格：例：QD 型 75/20-100/20t 吊钩桥式起重机	设备编码：例：A000001	
验收内容		检查结果	备注
一、机容机貌外观整洁，外壳、护罩无明显变形，开关、手柄完好无破损，电源线、控制线外皮无龟裂、老化，线路连接牢固，绝缘良好无裸露		（合格/不合格）	（填写另需说明的相关内容）
二、机体结构各部位完好齐全，机体部分无明显变形，焊接部分无开焊、裂纹，各部位连接牢固，无铁丝代替紧固螺栓或开口销的现象		（合格/不合格）	
三、工作装置传动机构运转灵活，无卡阻、无异响，整机运行平稳，噪声低，工作性能与机型相符，能满足施工需要		（合格/不合格）	
四、安全防护装置（各种安全防护罩、壳）齐全，限位器灵敏可靠，制动器操作灵活，制动安全可靠		（合格/不合格）	
五、备件齐全		（合格/不合格）	
六、另附技术资料：产品合格证、产品许可证、使用说明书			
验收人签名	其他参加验收人员： （填写实际参加验收人员） 验收记录人：××× ××××年×月×日		

注 本表编制依据：《中华人民共和国特种设备安全法》、《中华人民共和国安全生产法》、《特种设备安全监察条例》、《建设工程安全生产管理条例》、《水利工程建设安全生产管理规定》（水利部令第 26 号）、《水利水电工程施工安全管理导则》（SL 721—2015）。

表 1.4-7　设备安全运转检查记录

编号：××AQ04-07

项目名称：例：××工程段

机械名称		例：QD 型 75/20-100/20t 吊钩桥式起重机			机械编号	例：A000001	
日期	运转前检查是否正常	故障处理措施	工作起止时间	工作内容	机械运转状况	操作人员	备注
××××年×月×日	（正常/不正常）	例：委托修理	（上午/下午）×时×分	（具体修理内容）	（良好/一般/差）	×××	（填写另需说明的相关内容）
……	……	……	……	……	……	……	……

填表人：（项目部设备操作人员）　　　　旁站检查人：（安全质量部职员）

注　本表编制依据：《中华人民共和国特种设备安全法》、《中华人民共和国安全生产法》、《特种设备安全监察条例》、《建设工程安全生产管理条例》、《水利工程建设安全生产管理规定》（水利部令第 26 号）、《水利水电工程施工安全管理导则》（SL 721—2015）。

表 1.4-8　施工设备巡检记录

编号：××AQ04-08

单位（项目部）：例：××工程段

序号	巡检情况（设备缺陷、存在隐患等）	处理情况
1	例：起重机钢丝绳绳芯外露	例：更换起重机钢丝绳
2	……	……

巡检人：（安全质量部职员）　　　　日期：　　年　月　日

注　本表编制依据：《中华人民共和国特种设备安全法》、《中华人民共和国安全生产法》、《特种设备安全监察条例》、《建设工程安全生产管理条例》、《水利工程建设安全生产管理规定》（水利部令第 26 号）、《水利水电工程施工安全管理导则》（SL 721—2015）。

表 1.4-9 施工设备专项检查

编号：××AQ04-09

单位（项目部）：例：××工程段

<table>
<tr><td colspan="2">设备名称</td><td>例：吊钩桥式起重机</td><td rowspan="2">自编号</td><td rowspan="2">例：A000001</td><td>生产厂家</td><td>例：×××起重设备有限公司</td><td>设备状况</td><td>例：良好</td></tr>
<tr><td colspan="2">型号规格</td><td>例：QD 型 75/20-100/20t</td><td>检查日期</td><td>××××年×月×日</td><td>操作人员</td><td>×××</td></tr>
<tr><td colspan="2">结果表示</td><td colspan="7">合格：√；无此项：/；不合格：×</td></tr>
<tr><td colspan="2">项目</td><td colspan="7">检 查 内 容</td></tr>
<tr><td>1</td><td>操作管理</td><td colspan="6">操作人员经培训考试合格，持证上岗；安全操作规程、机械维修检查和交接班制度健全</td><td>例：√</td></tr>
<tr><td>2</td><td>设备外观</td><td colspan="6">油漆、驾驶室、大厢、倒车镜</td><td>例：/</td></tr>
<tr><td>3</td><td>动力系统</td><td colspan="6">启动正常，加速性好，机油压力正常，水温正常，发动机无异响，无漏水、漏气、漏油现象</td><td>例：×</td></tr>
<tr><td>4</td><td>液压系统</td><td colspan="6">液压系统各部装置安全可靠</td><td>例：√</td></tr>
<tr><td>5</td><td>操纵系统</td><td colspan="6">各操纵杆动作灵活有效，工作可靠</td><td>例：/</td></tr>
<tr><td>6</td><td>回转系统</td><td colspan="6">各传动部件、齿轮结合平稳、无异响；回转时机身平稳，无冲击摆动状态</td><td>例：×</td></tr>
<tr><td>7</td><td>电气系统</td><td colspan="6">各仪表工作正常，显示准确，操纵开关灵活，灯光系统齐全可靠，发电机工作正常</td><td>例：√</td></tr>
<tr><td colspan="2">检查意见</td><td colspan="7">（填写实际检查意见）</td></tr>
</table>

检查人：（安全质量部职员）　　被检查人：（设备操作维护人员）

注 本表编制依据：《中华人民共和国特种设备安全法》、《中华人民共和国安全生产法》、《特种设备安全监察条例》、《建设工程安全生产管理条例》、《水利工程建设安全生产管理规定》（水利部令第 26 号）、《水利水电工程施工安全管理导则》（SL 721—2015）。

表 1.4-10　施工设备性能及运行环境检查

编号：××AQ04-10

单位（项目部）：例：××工程段

<table>
<tr><td>设备名称</td><td colspan="2">例：吊钩桥式起重机</td><td rowspan="2">自编号</td><td rowspan="2">例：A000001</td><td>生产厂家</td><td>例：×××起重设备有限公司</td><td>设备状况</td><td>例：良好</td></tr>
<tr><td>型号规格</td><td colspan="2">例：QD 型 75/20-100/20t</td><td>检查日期</td><td>××××年×月×日</td><td>操作人员</td><td>×××</td></tr>
<tr><td>结果表示</td><td colspan="8">合格：√；无此项：/；不合格：×</td></tr>
<tr><td colspan="2">项目</td><td colspan="4">检　查　内　容</td><td colspan="3">检查问题及处理情况</td></tr>
<tr><td>1</td><td colspan="4">设备金属结构、运转机构、电气控制系统无缺陷，各部位润滑良好</td><td>例：√</td><td colspan="3"></td></tr>
<tr><td>2</td><td colspan="4">安全保护装置齐全可靠，防护罩、盖板、梯子、护栏完备可靠</td><td>例：/</td><td colspan="3"></td></tr>
<tr><td>3</td><td colspan="4">设备醒目的位置悬挂有标识牌、检验合格证及安全操作规程</td><td>例：×</td><td colspan="3">例：起重机附近无安全标识</td></tr>
<tr><td>4</td><td colspan="4">设备干净整洁</td><td>……</td><td colspan="3">……</td></tr>
<tr><td>5</td><td colspan="4">基础、轨道符合要求</td><td></td><td colspan="3"></td></tr>
<tr><td>6</td><td colspan="4">作业区域无障碍物，满足安全运行要求</td><td></td><td colspan="3"></td></tr>
<tr><td>7</td><td colspan="4">同一区域有两台以上设备运行可能发生碰撞时，制定相应的安全措施</td><td></td><td colspan="3"></td></tr>
</table>

检查人：（安全质量部职员）

注　本表编制依据：《中华人民共和国特种设备安全法》、《中华人民共和国安全生产法》、《特种设备安全监察条例》、《建设工程安全生产管理条例》、《水利工程建设安全生产管理规定》（水利部令第 26 号）、《水利水电工程施工安全管理导则》（SL 721—2015）。

表 1.4-11　现场施工设备维护保养记录

编号：××AQ04-11

单位（项目部）：例：××工程段

设备名称	例：吊钩桥式起重机		规格型号	例：QD 型 75/20-100/20t			设备编号	例：A000001
序号	保养日期	维护保养内容						维保人（签字）
		整机清洁	加润滑油	调整紧固	防腐	电气线路维护	更换易损件	更换冷却剂、油	
1	××××年×月×日	例：已完成	例：已完成	例：已完成	例：未完成	例：未完成	例：未完成	例：未完成	×××
2	……	……	……	……	……	……	……	……	……

注　本表编制依据：《中华人民共和国特种设备安全法》、《中华人民共和国安全生产法》、《特种设备安全监察条例》、《建设工程安全生产管理条例》、《水利工程建设安全生产管理规定》（水利部令第 26 号）、《水利水电工程施工安全管理导则》（SL 721—2015）。

表 1.4-12　施工设备综合检查

编号：××AQ04-12

单位（项目部）：例：××工程段

被检查项目部		例：××工程段	检查日期	××××年×月×日
1	设备档案	设备档案是否齐全	齐全☐　不齐全☐	
2	设备管理机构	设备管理机构是否建立	建立☐　未建立☐	
		是否配备专（兼）职设备管理人员	配备☐　未配备☐	
3	项目部设备管理情况	是否按频次开展设备检查	是☐　否☐	
		项目部专项检查和周期性检查是否包含租赁设备	是☐　否☐	
		对检查出的问题是否及时整改	是☐　否☐	
		是否对进场设备进行检查验收	是☐　否☐	
		是否制定设备维护保养计划	是☐　否☐	
		是否严格按维护保养计划进行维保	是☐　否☐	
		设备维修后是否组织验收	是☐　否☐	
		租赁设备是否签订租赁合同	是☐　否☐	
4	设备运行环境	设备金属结构、运转机构、电气控制系统是否有缺陷	是☐　否☐	
		安全保护装置是否安全可靠	是☐　否☐	
		设备醒目位置是否悬挂检验合格证和操作规程	是☐　否☐	
		设备外观是否干净整洁	是☐　否☐	
		操作人员是否持证上岗	是☐　否☐	
		作业区域是否有障碍物	是☐　否☐	
存在的问题： 例：1.设备设施档案不全。 2. ……				
整改意见： 例：1.建议尽快补充设备设施档案，做到不缺项漏项。 2. ……				
检查人员（签字）：				

注　本表编制依据：《中华人民共和国特种设备安全法》、《中华人民共和国安全生产法》、《特种设备安全监察条例》、《建设工程安全生产管理条例》、《水利工程建设安全生产管理规定》（水利部令第 26 号）、《水利水电工程施工安全管理导则》（SL 721—2015）。

表 1.4-13　机械周期性检查记录

编号：××AQ04-13

单位（项目部）：例：××工程段

工程名称	例：××工程段	检查时间	××××年×月×日
检查内容	例：检查桥式起重机结构外观、连接件有无松动、钢丝绳有无破损……		
检查情况	例：1. 桥式起重机钢丝绳绳芯外露。 2. ……		
检查意见	例：1. 应立即更换桥式起重机钢丝绳，检查无误后方可作业。 2. ……		
检查人员签字			
被检查人签字	（如为项目部自行检查，被检查人员为机械操作人员；如为上级部门检查，被检查人员为项目经理。）		

注　本表编制依据：《中华人民共和国特种设备安全法》、《中华人民共和国安全生产法》、《特种设备安全监察条例》、《建设工程安全生产管理条例》、《水利工程建设安全生产管理规定》（水利部令第 26 号）、《水利水电工程施工安全管理导则》（SL 721—2015）。

表 1.4-14　现场安全设施管理台账

编号：××AQ04-14

项目名称：例：××工程

序号	名称	位置	厂内编号	运行情况	投用时间	检验周期	停用时间	检验情况	负责人
1	例：防护栏（网）	例：围墙	例：00001	例：已运行	例：××××年×月×日	例：1月/次	例：××××年×月×日	例：合格	（项目经理）
2	……	……	……	……	……	……	……	……	……

填表人：（安全质量部部员）　　　　填表日期：　　年　月　日

注　本表编制依据：《中华人民共和国特种设备安全法》、《中华人民共和国安全生产法》、《特种设备安全监察条例》、《建设工程安全生产管理条例》、《水利工程建设安全生产管理规定》（水利部令第 26 号）、《水利水电工程施工安全管理导则》（SL 721—2015）。

表 1.4-15　施工现场检查记录

编号：××AQ04-15

<table>
<tr><td colspan="2">工程名称：例：××工程段</td></tr>
<tr><td>检查日期：××××年×月×日</td><td>作业过程：例：堤基清理</td></tr>
<tr><td colspan="2">施工情况：

例：已完成堤基清理工程、堤身填筑工程、堤脚防护工程、干砌石护坡工程……</td></tr>
<tr><td>检　查　内　容</td><td>是√；否×</td></tr>
<tr><td>1．施工总体布局与分区是否合理，规范有序</td><td>例：√</td></tr>
<tr><td>2．是否符合国家安全文明施工、交通、消防、职业卫生、环境保护等有关规定</td><td>例：√</td></tr>
<tr><td>3．施工道路是否完好通畅</td><td>……</td></tr>
<tr><td>4．消防设施齐全完好</td><td></td></tr>
<tr><td>5．施工、办公和生活用房严格按规范建造，无乱搭乱建</td><td></td></tr>
<tr><td>6．风、水、电管线、通信设施、施工照明等布置合理规范</td><td></td></tr>
<tr><td>7．现场材料、设备按规定定点存放，摆放有序，并符合消防要求</td><td></td></tr>
<tr><td>8．及时清除施工场所废料或垃圾，做到“工完、料尽、场地清”</td><td></td></tr>
<tr><td>9．设施设备、安全文明施工、交通、消防及紧急救护标志、标识清晰、齐全</td><td></td></tr>
<tr><td>10．施工现场卫生、急救、保健设施满足需求</td><td></td></tr>
<tr><td>11．施工生产区、生活区、办公区环境卫生符合有关规定</td><td></td></tr>
<tr><td colspan="2">存在问题：
例：1．消防设施配备不足……
2．……</td></tr>
<tr><td colspan="2">处理情况：
例：1．立即按照要求配备足量消防设施……
2．……</td></tr>
<tr><td colspan="2">检查人员：

年　月　日</td></tr>
</table>

注　本表编制依据：《建设工程施工现场消防安全技术规范》（GB 50720—2011）、《水利水电工程施工组织设计规范》（SL 303—2017）、《水利水电工程施工通用安全技术规程》（SL 398—2007）、《水利水电工程施工安全防护设施技术规范》（SL 714—2015）、《水利水电工程施工安全管理导则》（SL 721—2015）；《建设工程安全生产管理条例》、《水利工程建设安全生产管理规定》（水利部令第 26 号）。

表 1.4-16　专项方案施工监督检查记录

编号：××AQ04-16

工程名称：例：××工程段	方案名称：例：基坑降水工程专项施工方案
监督日期：××××年×月×日	天　　气：例：晴
旁站部位及工序： 例：1. 基坑； 　　2. ……	
施工情况： 例：良好	
检查内容： 例：基坑深度，基坑周边是否防护措施……	
存在问题： 例：防护栏杆有破损。	
处理情况： 例：立即更换栏杆。	
检查人员： 年　月　日	

注　本表编制依据：《水利水电工程施工安全管理导则》（SL 721—2015）、《建设工程安全生产管理条例》、《水利工程建设安全生产管理规定》（水利部令第 26 号）、《水利水电工程施工通用安全技术规程》（SL 398—2007）。

表 1.4-17　专项施工方案专家论证审查记录

编号：××AQ04-17

<table>
<tr><td>工程名称</td><td colspan="3">例：××工程段</td></tr>
<tr><td>工程详细地址</td><td colspan="3">例：本工程位于××省××县</td></tr>
<tr><td>专项方案名称</td><td colspan="3">例：基坑降水工程专项施工方案</td></tr>
<tr><td>施工单位</td><td colspan="3">例：××公司</td></tr>
<tr><td>总包单位</td><td colspan="3">例：××公司</td></tr>
<tr><td>论证会召集单位</td><td colspan="3">例：××公司</td></tr>
<tr><td>论证会时间</td><td>××××年×月×日</td><td>论证会地点</td><td>例：××项目部会议室</td></tr>
<tr><td colspan="4">专家组意见：
（同意/不同意）
年　月　日
备注：1.专项方案详细情况见专项方案书；
2.本页不够可附页</td></tr>
</table>

<table>
<tr><td colspan="4">专家签名</td></tr>
<tr><td>序号</td><td>姓　名</td><td>职　称</td><td>单　　位</td></tr>
<tr><td>1</td><td>×××</td><td>例：高级工程师</td><td>例：××公司</td></tr>
<tr><td>2</td><td>……</td><td>……</td><td>……</td></tr>
<tr><td>3</td><td></td><td></td><td></td></tr>
<tr><td>4</td><td></td><td></td><td></td></tr>
<tr><td>5</td><td></td><td></td><td></td></tr>
<tr><td>6</td><td></td><td></td><td></td></tr>
<tr><td colspan="4">安全行政主管部门参加人员：（依据实际检查人员填写）</td></tr>
</table>

注　1. 大型或较复杂施工方案应提前提交专家组成员。

2. 本表编制依据：《水利水电工程施工安全管理导则》（SL 721—2015）、《建设工程安全生产管理条例》、《水利工程建设安全生产管理规定》（水利部令第 26 号）、《水利水电工程施工通用安全技术规程》（SL 398—2007）。

表 1.4-18　危险性较大工程专项施工方案专家论证审查记录

编号：××AQ04-18

项目名称：××工程段

序号	单项工程名称	监理审核日期	是否超过一定规模	专家是否论证	论证日期
1	例：基坑降水工程专项施工方案	×年×月×日	（是/否）	（是/否）	××××年×月×日
2	……	……	……	……	……

注　1. 本表一式___份，由施工单位填写，用于归档和备查。

2. 本表编制依据：《水利水电工程施工安全管理导则》（SL 721—2015）、《建设工程安全生产管理条例》、《水利工程建设安全生产管理规定》（水利部令第 26 号）、《水利水电工程施工通用安全技术规程》（SL 398—2007）。

表 1.4-19 危险性较大分部分项工程安全专项施工方案专家论证审查记录

编号：××AQ04-19

一、工程基本情况					
工程名称	例：××工程		地点	例：本工程位于××省××市××县	
建设单位	例：××	施工总承包单位	例：××公司	专业承包单位	例：××公司
超过一定规模的危险性较大的分部分项工程类别：例：搭设高度 50m 以上落地式钢管脚手架工程					
危险性较大工程基本情况：					
例：高边坡、深基坑、高大模板、脚手架……					

二、参加专家论证会的有关人员（签名）					
类别	姓名	单位（全称）	学历/专业	职务/职称	手机
专家组组长	×××	例：××公司	例：硕士	例： 高级工程师	例： 188××××0000
专家组成员	×××	例：××公司	例：硕士	例： 高级工程师	例： 188××××0001
	……	……	……	……	……
建设单位项目负责人或技术负责人					
监理单位项目总监理工程师					
监理单位专业监理工程师					
施工单位安全管理机构负责人					
施工单位工程技术管理机构负责人					
施工单位项目负责人					
施工单位项目技术负责人					
专项方案编制人员					
项目专职安全生产管理人员					
设计单位项目技术负责人					
其他有关人员					

续表 1.4-19

<table>
<tr><td>三、专家组审查综合意见及修改完善情况</td></tr>
<tr><td>专家组审查意见：

同意/不同意

论证结论：　□通过　　□修改通过　　□不通过
专家签名：　　　　专家组组长（签名）：
年　月　日</td></tr>
<tr><td>施工单位就专家论证意见对专项方案的修改情况：（对专家提出的意见逐条回复，可另附页）</td></tr>
<tr><td>施工总承包单位（公章）：
项目负责人（签名）：　　　　项目负责人（签名）：
单位技术负责人（签名）：　　　　单位技术负责人（签名）：
年　月　日　　　　年　月　日</td></tr>
<tr><td>监理单位对修改情况的审核意见：
（同意/不同意）
专业监理工程师（签名）：　　　　总监理工程师（注册章）：
年　月　日</td></tr>
<tr><td>项目法人对修改情况的核验意见：
（同意/不同意）
项目负责人（签名）：　　　　（公章）：
年　月　日</td></tr>
</table>

注　1. 本表一式___份，由施工单位填写，监理机构、项目法人签署意见后，施工单位、监理单位、项目法人各一份。

2. 本表编制依据：《水利水电工程施工安全管理导则》（SL 721—2015）、《建设工程安全生产管理条例》、《水利工程建设安全生产管理规定》（水利部令第 26 号）、《水利水电工程施工通用安全技术规程》（SL 398—2007）。

表 1.4-20　施工组织设计（方案）审批记录

编号：××AQ04-20

<table>
<tr><td>工程名称：例：××工程</td><td>建设单位：例：××建设管理中心</td></tr>
<tr><td>项目类型：例：新建项目</td><td>工程地点：例：××省××市××县</td></tr>
<tr><td colspan="2">我项目部根据施工合同和施工图设计的要求已完成了例：××工程施工组织设计（方案）的编制，请公司技术部门组织审查批准。
附：施工组织设计（方案）。

编制人：

年　月　日</td></tr>
<tr><td colspan="2">审批意见：

经审查，同意/不同意该施工组织设计（方案）。

技术负责人：

年　月　日</td></tr>
</table>

注　本表编制依据：《水利水电工程施工安全管理导则》（SL 721—2015）、《建设工程安全生产管理条例》、《水利工程建设安全生产管理规定》（水利部令第 26 号）、《水利水电工程施工通用安全技术规程》（SL 398—2007）。

表 1.4-21　旁站监督、巡视记录

编号：××AQ04-21

项目名称：

旁站项目	例：××工程			旁站人	×××
施工内容及设备	例： 施工内容： 设备：挖掘机、水泵、发电机				
旁站、巡视情况					
序号	巡视日期	巡视时段	巡视情况	存在的问题	整改情况
1	××××年×月×日	例：13:00—15:00	例：已巡视	例：基坑旁无警示标识	例：已整改
2	……	……	……	……	……

注　本表由项目部填写，用于专项施工方案实施监督巡视。

表 1.4-22　防护设施检查验收记录

编号：××AQ04-22

项目名称：例：××工程

<table>
<tr><td colspan="2">工程名称</td><td colspan="3">例：××工程</td></tr>
<tr><td>序号</td><td>验收项目</td><td colspan="2">验收内容</td><td>验收结果</td></tr>
<tr><td>1</td><td>安全帽/安全带/安全网</td><td colspan="2">安全帽、安全带符合国标要求并有质保书，产品合格证，工人应能正确使用。安全网符合国标要求并有产品合格证书</td><td>（合格/不合格）</td></tr>
<tr><td rowspan="3">2</td><td rowspan="3">楼梯口防护</td><td colspan="2">楼梯口、梯段边必须设置牢靠的防护栏杆</td><td></td></tr>
<tr><td colspan="2">防护栏杆由上、下两道横杆及栏杆柱组成，上杆离地高度为1.0～1.2m，下杆离地为0.5～0.6m，横杆长度大于2m时，加设栏杆柱</td><td></td></tr>
<tr><td colspan="2">防护栏杆用材要求：毛竹小头直径应大于 7cm；原木梢径应大于 6cm；钢管为直径 4.8×（2.75～3.5）mm 的管材；钢筋上杆直径应大于 16mm，下杆直径应大于 14mm，栏杆柱直径应大于18mm</td><td></td></tr>
<tr><td>3</td><td>电梯口防护</td><td colspan="2">电梯井口应设可靠的防护栏杆或固定栅门。梯井内每隔两层或每高 10m 设一道安全平网</td><td></td></tr>
<tr><td>4</td><td>预留洞口防护（边长≥1.5m）</td><td colspan="2">洞口四周应设可靠的防护栏杆和和 18cm 高的挡脚板，洞口下挂设安全平网。防护栏杆设置及用材与楼梯口的防护要求相同</td><td></td></tr>
<tr><td>5</td><td>预留洞口防护（边长<1.5m）</td><td colspan="2">洞口应用坚实的盖板盖没或采用钢板、钢筋构成防护网格，满铺脚手板，并有固定措施，防止挪动、移动</td><td></td></tr>
<tr><td>6</td><td>基槽坑井</td><td colspan="2">桩孔上口，杯形、条形基础上口，未填土的坑槽，以及上人孔、天窗、地板门等处，均应按洞口防护要求设置防护装置；通道附近的各类洞口与坑槽等处，除设置防护设施与安全标志外，夜间还应设红灯示警</td><td></td></tr>
<tr><td>7</td><td>通道、机械设备操作防护棚</td><td colspan="2">塔吊回转半径内的生活区、作业区及通道，机械设备操作区应搭设防护棚。有专门搭设方案。杆件搭接长度符合要求，架体自成独立系统，不得与脚手架连接。双层防护棚应采用 5cm 的木板与竹笆，双层棚之间高差大于 600cm</td><td></td></tr>
<tr><td rowspan="2">8</td><td rowspan="2">阳台、楼板、屋面等临边防护</td><td colspan="2">阳台、楼板、屋面等临边应设置可靠的防护栏杆。防护栏杆设置及用材与楼梯口防护要求相同</td><td></td></tr>
<tr><td colspan="2">坡度大于 1.22 屋面，防护栏杆高度为 1.5m，并挂设密目式安全网</td><td></td></tr>
<tr><td colspan="3" rowspan="6">检查验收意见：
经检查验收各项防护设施均符合要求，同意移交使用。

年　月　日</td><td>项目负责人</td><td>×××</td></tr>
<tr><td>技术负责人</td><td>×××</td></tr>
<tr><td>安装负责人</td><td>×××</td></tr>
<tr><td>施工员</td><td>×××</td></tr>
<tr><td>安全员</td><td>×××</td></tr>
<tr><td>质检员</td><td>×××</td></tr>
</table>

注　本表由项目部填写。用于安全防护设施的验收和日常检查。

表 1.4-23　电焊作业专项安全检查记录

编号：××AQ04-23

检查时间：　　年　月　日

使用位置		例：钢筋加工车间	操作人	（电焊作业人员）	检查得分	例：80 分
检查项目		检查内容及要求			实际分值	检查分值
1	电焊机安装与验收	有完整的防护外壳和符合要求的电气装置，各部件完整，有验收合格手续、签字齐全			10	例：10 分
		电焊机安装后无验收合格手续的扣 10 分				
2	防护装置	开关箱内设有漏电保护器，设置二次空载降压保护			20	例：15 分
		电焊机一次、二次线接线柱防护罩齐全				
		电焊机设有良好的保护接零（或保护接地），且接触良好，禁止连接建筑物的金属构架做焊接回路				
		未作保护接零、无漏电保护器的扣 5 分；无二次空载降压保护的扣 5 分				
3	焊钳	焊钳加紧力较好，绝缘可靠，隔热层完好			10	
4	导线	电焊机必须装有专用电源开关，使用自动开关控制，电源线一次线长度不得大于 5m，且穿管保护			20	
		焊接二次线长度不得大于 30m，接头不允许超过 3 处				
		焊钳与把线绝缘良好，连接牢固，不得使用钢丝绳或机电设备代替零线				
		一次线长度超过规定或不穿管的扣 5 分；焊把线接头超过 3 处或绝缘老化的扣 3 分；电源不使用自动开关的扣 3 分				
5	电焊机绝缘	一次、二次绕组绝缘电阻≥1MΩ			10	
6	使用环境	电焊机使用场所清洁，无严重的粉尘，周围 10m 范围内不得存放氧气、乙炔等易燃易爆物品，不得在下方有易燃物品的高空施焊，配备消防用品			10	
		无消防用品的扣 3 分				
7	焊机安放	电焊机有完整的防护外壳，设有防雨、防潮、防晒机棚			10	
		电焊机无防雨罩的扣 3 分				
8	个人防护	佩戴面罩或防护眼镜，戴电焊手套，穿绝缘鞋			10	
参加人员	项目负责人：××× 施工负责人：××× 机械负责人：××× 安全负责人：×××		检查结果及整改意见： 例：部分检查项目不合格，建议立即进行整改			

记录人：（安全质量部职员）

注　本表编制依据：《建设工程施工现场供用电安全规范》（GB 50194—2014）、《水利水电工程施工安全管理导则》（SL 721 — 2015）、《水利水电工程施工安全防护设施技术规范》（SL 714—2015）。

表 1.4-24　接地电阻测试记录

编号：××AQ04-24

检测时间：　　　年　月　日

工程名称	例：××工程	分部分项 工程名称		施工单位	例：××公司
仪表型号	例：ETCR-2000	引下型式			
接地种类	规定阻值/Ω	测验日期	季节系数	测验结果	
工作接地	≤4	××××年×月×日	例：1.6	（合格/不合格）	
重复接地	≤10	……	……	……	
防雷接地	≤30				
测验布置图	依据实际测验绘制（注明测试点位置）				验收单位验核意见 （同意/不同意） 签章： 年　月　日

项目技术负责人：×××　　　　测试人：×××　　　　安全检查员：×××

注　本表编制依据：《建设工程施工现场供用电安全规范》（GB 50194—2014）、《水利水电工程施工安全管理导则》（SL 721—2015）、《水利水电工程施工安全防护设施技术规范》（SL 714—2015）。

表 1.4-25 绝缘电阻测试记录

编号：××AQ04-25

检测时间：　　　年　月　日

工程名称	例：××工程	仪表型号	例：BY2671
天气	例：晴	气温	例：17℃
检测人	×××	负责人	×××

序号	设备名称或电缆线路	型号规格	额定电压/V	电阻值/MΩ		
				外壳	相间	一次、二次绕组
1	例：电缆线路	例：YJV-4×25+1×16	例：220	500	500	
2	……	……	……	……	……	……

注 1. 变压器、电焊机以及绕线式电动机应检测一次、二次绕组绝缘电阻。

2. 本表编制依据：《建设工程施工现场供用电安全规范》（GB 50194—2014）、《水利水电工程施工安全管理导则》（SL 721— 2015）、《水利水电工程施工安全防护设施技术规范》（SL 714—2015）。

表 1.4-26　漏电保护器检测记录

编号：××AQ04-26

检测时间：　　年　月　日

施工部位	例：闸门安装焊接	保护设备名称	例：××漏电保护器	额定功率	×××				
保护器型号	例：NS×型	额定电流	例：16～630A	额定漏电	例：630A	生产厂家	例：××电气有限公司		
维护电工姓名	×××	电工证号码	×××××××						

检测日期	A 相对地		B 相对地		C 相对地		检测结论	检测人
	动作电流/A	动作时间/s	动作电流	动作时间	动作电流	动作时间		
×月×日	600	10	……	……	……	……	合格/不合格	×××
×月×日	……	……	……	……	……	……	……	……

注　1. 对施工现场所有配电箱内的漏电保护器逐个登记，原则上每两周测试一次，故障掉闸或雨后或特殊情况，临时增加检测次数并记录。

2. 本表编制依据：《建设工程施工现场供用电安全规范》（GB 50194—2014）、《水利水电工程施工安全管理导则》（SL 721—2015）、《水利水电工程施工安全防护设施技术规范》（SL 714—2015）。

表 1.4-27　施工现场照明检查记录

编号：××AQ04-27

地点（部位）：例：钢筋加工车间　　　　　　　　　　　检查时间：　　年　月　日

检查项目	检 查 内 容 及 要 求	检查结果
安全距离	灯具：①室内 220V 灯具距地面＞2.5m，室外 220V 灯具距地面＞3m；②普通灯具与易燃物＞300mm，聚光灯、碘钨灯等高热灯具＞500mm，切不得直接照射易燃物；③碘钨灯及钠、铊等金属卤化物灯具的安装高度在 3m 以上，灯线固定在接线柱上，不得靠近灯具表面；④灯具相线必须经开关控制	例：1. 拉线开关与地面距离过小； 2. ……
	开关：①拉线开关距地面 2～3m，与出入口水平距离 0.15～0.2m；②其他开关距地面为 1.3m，与出入口水平距离 0.15～0.2m	
安全电压	1. 下列特殊场所应使用安全特低电压照明：①隧道、人防工程、高温、有导电灰尘、比较潮湿或灯具距地面低于 2.5m，应使用 36V；②潮湿和易触及带电体场所，应使用 24V；③特别潮湿、导电良好的地面、锅炉或金属容器内，应使用 12V 安全电压。 2. 使用行灯应符合下列要求：①电压＜36V；②灯体与手柄应坚固、绝缘良好、耐热耐潮湿；③灯头与灯体结合牢固，灯头无开关；④灯泡外部有金属保护网；⑤金属网、反光罩、悬吊挂钩固定在灯具的绝缘部位	……
照明系统	1. 照明变压器必须使用双绕组型安全隔离变压器，严禁使用自耦变压器。 2. 照明系统宜使用三相负荷平衡，其中每一单相回路上，灯具和插座不宜超 25 个，负荷电流不宜超 15A。 3. 工作零线截面按下列规定选择：①单相二线及二相二线线路，零线截面和相线截面相同；②三相四线线路中，用白炽灯时，零线截面不小于相线的 50%；用气体放电灯时，零线截面按最大负载相的电流选择；③在逐项切断的三相照明线路中，零线截面与最大负载相线截面相同	……
检查人员： 项目负责人：×××　　施工负责人：×××　　机械负责人：××× 安全负责人：×××　　水电班负责人：×××		
存在问题及整改意见： 例：1. 建议立即调整拉线开关距离，使之符合规定； 2. ……		

记录人：（安全质量部职员）

注　本表编制依据：《建设工程施工现场供用电安全规范》（GB 50194—2014）、《水利水电工程施工安全管理导则》（SL 721—2015）、《水利水电工程施工安全防护设施技术规范》（SL 714—2015）。

表 1.4-28　施工用电检查评分表

编号：××AQ04-28

序号	检查项目	扣分标准	应得分数	扣减分数	实得分数
1	外电防护	1. 小于安全距离又无防护措施的扣 20 分； 2. 在建工程（含脚手架）的周边与架空线的边线之间的最小安全距离； 3. 施工现场的机动车道与架空线路交叉时的最小垂直距离； 4. 起重机与架空线路边线的最小安全距离； 5. 防护设施与外电线路之间的最小安全距离防护措施不符合要求，封闭不严密的扣 5～10 分； 6. 电气设备现场周围不得存放易燃、易爆、污染源和腐蚀介质； 7. 电气设备设置现场应避免物体打击和机械损伤	20	例：5	例：15
2	接地与接零保护系统	1. 工作接地与重复接地不符合要求的扣 7～10 分； 2. 未采用 TN-S 系统的扣 10 分； 3. 专用保护零线设置不符合要求的扣 5～8 分； 4. 保护零线与工作零线混接的扣 10 分	10	例：0	例：10
3	配电箱 开关箱	1. 不符合“三配电两级保护”要求的扣 10 分； 2. 开关箱（末级）无漏电保护或保护器失灵，每一处扣 5 分； 3. 漏电保护装置参数不匹配，每发现一处扣 2 分； 4. 电箱内无隔高开关每一处扣 2 分； 5. 违反“一机、一闸、一漏、一箱”的每一处扣 5～7 分； 6. 安装位置不当、周围杂物多等不便操作的每一处扣 5 分； 7. 闸具损坏、闸具不符合要求的每一处扣 5 分； 8. 配电箱内多路配电无标记的每一处扣 5 分； 9. 电箱下引出线混乱的每一处扣 2 分； 10. 电箱无门、无锁、无防雨措施的每一处扣 2 分	20	例：7	例：13
4	现场照明	1. 照明专用回路无漏电保护的扣 5 分； 2. 灯具金属外壳未作接零保护的每一处扣 2 分； 3. 室内线路及灯具安装高度低于 2.4m 未使用安全电压； 4. 供电的扣 10 分； 5. 潮湿作业未使用 36V 以下安全电压的扣 10 分； 6. 使用 36V 安全电压照明线路混乱和接头处未用绝缘布包扎的扣 5 分； 7. 手持照明灯未使用 36V 及以下电源供电的扣 10 分	10	例：2	例：8
	小计		60	例：14	例：46

续表 1.4-28

<table>
<tr><th>序号</th><th>检查项目</th><th>扣 分 标 准</th><th>应得分数</th><th>扣臧分数</th><th>实得分数</th></tr>
<tr><td>5</td><td>配电线路</td><td>1. 电线老化、破皮未包扎的每一处扣 10 分；
2. 线路过道无保护的每一处扣 5 分；
3. 电杆、横担不符合要求的扣 5 分；
4. 架空线路不符合要求的扣 7～10 分；
5. 未使用五芯线（电缆）的扣 10 分；
6. 使用四芯电缆外加一根线替代五芯电缆的扣 10 分；
7. 电缆架设或埋设不符合要求的扣 7～10 分</td><td>15</td><td>例：0</td><td>例：15</td></tr>
<tr><td>6</td><td>电器装置</td><td>1. 闸具、熔断器参数与设备容量不匹配、安装不合要求的每一处扣 3 分；
2. 用其他金属丝代替熔丝的扣 10 分</td><td>10</td><td>例：0</td><td>例：10</td></tr>
<tr><td>7</td><td>变配电装置</td><td>不符合安全规定的扣 3 分</td><td>5</td><td>例：3</td><td>例：2</td></tr>
<tr><td>8</td><td>用电档案</td><td>1. 无专项用电施工组织设计的扣 10 分；
2. 无地极阻值摇测记录的扣 4 分；
3. 无电工巡视维修记录或填写不真实的扣 4 分；
4. 档案乱、内容不全、无专人管理的扣 3 分</td><td>10</td><td>例：4</td><td>例：6</td></tr>
<tr><td colspan="3">小计</td><td>40</td><td>例：7</td><td>例：33</td></tr>
<tr><td colspan="3">检查项目合计</td><td>100</td><td>例：21</td><td>例：79</td></tr>
<tr><td rowspan="2">检查人员</td><td colspan="2">项目负责人：×××</td><td colspan="3">施工负责人：×××</td></tr>
<tr><td colspan="2">机械负责人：×××</td><td colspan="3">安全负责人：×××</td></tr>
<tr><td colspan="6">检查结果及整改意见：
例：检查结果：经检查，发现……存在较大安全隐患；
整改意见：建议立即整改，使之符合规定。</td></tr>
</table>

记录人：（安全质量部职员） 检查时间 年 月 日

注 本表编制依据：《建设工程施工现场供用电安全规范》（GB 50194—2014）、《水利水电工程施工安全管理导则》（SL 721—2015）、《水利水电工程施工安全防护设施技术规范》（SL 714—2015）。

表 1.4-29 施工现场临时用电检查记录

编号：××AQ04-29

工程名称：例：××工程　　检查日期：　年　月　日　　天气：例：晴

设备名称	电机数据			绝缘电阻		接地（零）线		防雷接地电阻/Ω	漏电开关		外绝缘层检查
	功率/kW	相数	电压/V	绕组对壳/MΩ	相间/MΩ	接地（零）线电阻/Ω	截面积/mm^2		动作时间/s	动作电流/mA	
发电机 TO-EV80	例：10	例：单/三	例：220	例：0.8	例：0.8	例：3	例：1.5	例：25	例：0.1	例：30	（完好/有破损）
……	……	……	……	……	……	……	……	……	……	……	……

兆欧表型号：例：DMG2670F	电压：例：100 V	检查电工签名：×××	电气负责人签名：×××

注 1. 本表一式一份，由施工单位填写，用于存档和备查。绝缘电阻>0.5MΩ，接地（零）电阻≤4Ω，防雷接地电阻≤30Ω，重复接地电阻≤10Ω。

2. 本表编制依据：《建设工程施工现场供用电安全规范》（GB 50194—2014）、《水利水电工程施工安全管理导则》（SL 721—2015）、《水利水电工程施工安全防护设施技术规范》（SL 714—2015）。

表 1.4-30　施工现场临时用电设备明细

编号：××AQ04-30

工程名称：例：××工程

序号	设备名称	数量/台	设备数据					总容量/kW	备注
			容量/kW	相数	功率因数	电压/V	暂载率/%		
1	例：交流电焊机	2	25.3	3	0.5	380	—	50.6	（填写另需说明的相关内容）
2	例：塔吊 QTZ63	3	33.5	3	0.85	380	25	100.5	……
3	……	……	……	……	……	……	……	……	……
总容量合计	例：320.17kW	填表人：（安全质量部职员）							
电气负责人	×××	填表日期	年　月　日						

注　本表编制依据：《建设工程施工现场供用电安全规范》（GB 50194—2014）、《水利水电工程施工安全管理导则》（SL 721—2015）、《水利水电工程施工安全防护设施技术规范》（SL714—2015）。

表 1.4-31 施工现场临时用电验收记录

编号：××AQ04-31

工程名称	例：××工程		
序号	检查项目	检查内容与要求	验收结果
一	资料	电工持特种作业人员操作资格证书	（合格/不合格）
		施工现场临时用电设备在 5 台及以上或设备总容量在 50kW 及以上者，应编制用电组织设计	（合格/不合格）
		临时用电组织设计及变更时，必须履行“编制、审核、批准”程序，由电气工程技术人员组织编制，经相关部门审核、技术负责人批准后实施。变更用电组织设计时应补充有关图纸资料	（合格/不合格）
二	外电防护与配电线路	不得在外电架空线路正下方施工、搭设作业棚、建造生活设施或堆放构件、架具、材料及其他杂物	（合格/不合格）
		工程周边（含脚手架具）、机动车道、起重机、现场开挖沟槽的边缘与外电架空线路之间的最小安全操作距离，必须符合相关规范的规定	（合格/不合格）
		架空线必须采用绝缘导线，设在专用电杆上，导线截面的选择、敷设方式、断路保护器必须符合相关规范的规定	（合格/不合格）
		电缆中必须包含全部工作芯线和用作保护零线和工作零线的芯线。需要三相四线制配电的电缆线路必须采用五芯电缆，且各种绝缘芯线颜色必须正确	（合格/不合格）
		电缆线路应采用埋地或架空敷设，严禁沿地面明设，并应避免机械损伤和介质腐蚀，埋地电缆路径应设方位标志	（合格/不合格）
三	接地与防雷	TN-S 接零保护系统中，电气设备的金属外壳必须与专用保护零线连接。保护零线应由工作接地线、配电室（总配电箱）电源侧零线或总漏电保护器电源侧零线处引出，与外电线路共用同一供电系统时，电气设备的接地、接零保护与原系统保持一致	（合格/不合格）
		TN 系统中的保护零线除必须在配电室或总配电箱处做重复接地外，还必须在配电系统的中间处和末端处做重复接地，重复接地电阻应不大于 10Ω	（合格/不合格）
四	配电室及自备电源	配电柜装设电源隔离开关及短路、过载、漏电保护器电源隔离开关分断时应有明显分断点	（合格/不合格）
		发电机组并列运行时，必须装设同期装置，并在机组同步运行后再向负载供电	（合格/不合格）
五	配电箱及开关箱	配电系统应设置配电柜或总配电箱、分配电箱、开关箱，实行三级配电	（合格/不合格）
		每台用电设备必须有各自专用的开关箱，严禁用同一个开关箱直接控制 2 台及 2 台以上用电设备（含插座）	（合格/不合格）
		漏电保护器的额定漏电动作电流、额定动作时间必须符合相关规范的规定	（合格/不合格）
		配电箱、开关箱的电源进线端严禁采用插头和插座活动连接	（合格/不合格）
		配电箱、开关箱、应配锁、安全标志、编号齐全，安装位置恰当、整齐，方便操作，周围无杂物。箱内电器设施完整、有效，参数与设备匹配，配电布置合理，并有标记	（合格/不合格）

续表 1.4-31

序号	检查项目	检查内容与要求	验收结果
五	配电箱及开关箱	开关箱中漏电保护器的额定漏电动作电流≤30mA，额定漏电动作时间≤0.1s。使用于潮湿或有腐蚀介质场所的漏电保护器应采用防溅型产品，其额定漏电动作电流≤15mA，额定漏电动作时间≤0.1s。总配电箱中漏电保护器的额定漏电动作电流>30mA，额定漏电动作时间>0.1s，但其额定漏电动作电流与额定动作漏电时间的乘积≤30mA·s	（合格/不合格）
		箱体采用金属箱，底板用绝缘板或金属板，不允许用木板。配电箱的电器安装板上必须分设 N 线端子板和 PE 线端子板。N 线端子板必须与金属电器安装板绝缘；PE 线端子板必须与金属电器安装板做电气连接。进出线中的 N 线必须通过 N 线端子板连接；PE 线必须通过 PE 线端子板连接	（合格/不合格）
六	现场照明	特殊场所使用的照明器其安全特低电压，必须符合相关规范的规定	（合格/不合格）
		照明变压器必须使用双绕组型安全隔离变压器，严禁使用自耦变压器	（合格/不合格）
七	其他		
验收结论		（合格/不合格） 验收日期：　　年　月　日	
参加验收人员		项目经理：×××　　年　月　日	
		安全员：×××　　年　月　日	
		电气负责人：×××　　年　月　日	

注 1. 本表一式一份，由施工单位填写留存，以备检查。

2. 本表编制依据：《建设工程施工现场供用电安全规范》（GB 50194—2014）、《水利水电工程施工安全管理导则》（SL 721—2015）、《水利水电工程施工安全防护设施技术规范》（SL 714—2015）。

表 1.4-32　临时用电作业审批表

编号：××AQ04-32

单位	例：××工程
地址	例：××省××市××县
用电部位	例：夜间照明
用电负责人	×××
用电时间	×××× 年××月××日××时
结束时间	×××× 年××月××日××时
用电作业安全措施	例：1. 持证上岗，日常维护检查均需由取得相应资格的专职电工进行操作，并做好巡视、维护记录，严禁无证上岗。 2. 临时用电必须采用接零、接地保护系统。 3. ……
施工单位负责人意见	（同意/不同意）
工程部负责人意见	（同意/不同意）
主管部门 用电负责人意见	（同意/不同意）
消防中心 值班员意见	（同意/不同意）
主管领导审批意见	（同意/不同意）
备注	（填写另需说明的相关内容）

注　本表编制依据：《建设工程施工现场供用电安全规范》（GB 50194—2014）、《水利水电工程施工安全管理导则》（SL 721—2015）、《水利水电工程施工安全防护设施技术规范》（SL 714—2015）。

表 1.4-33　现场监督检查记录

编号：××AQ04-33

单位（项目部）：例：××工程

工程名称		例：××工程	检查时间	××××年××月××日
检查项目			检查结果	
1	脚手架拉结是否完好齐全		是□　　否□	
2	脚手架竹笆是否铺满		是□　　否□	
3	脚手架硬软隔离是否设置完好		是□　　否□	
4	脚手架安全网是否完好		是□　　否□	
5	脚手架悬挑槽钢压板螺栓、螺帽是否完好		是□　　否□	
6	脚手架是否超工作面		是□　　否□	
7	脚手架斜支撑是否完好		是□　　否□	
8	脚手架上是否堆物		是□　　否□	
9	基础是否积水		是□　　否□	
检查结论： 例：检查项目均无问题/1.脚手架上有杂物；2. ……				
存在的主要问题： 例：脚手架上有杂物...		整改意见： （同意/不同意）		
检查人员（签名）：（依据实际检查人员填写）				

注　1. 本表由项目部填写，用于日常检查。

2. 本表编制依据：《建筑施工脚手架安全技术统一标准》（GB 51210—2016）、《水利水电工程施工通用安全技术规程》（SL 398—2007）、《水利水电工程施工安全防护设施技术规范》（SL 714—2015）、《水利水电工程施工安全管理导则》（SL 721—2015）。

表 1.4-34　脚手架检查（验收）记录

编号：××AQ04-34

单位（项目部）：例：××工程

脚手架类型	例：钢脚手架	搭设部位	节制闸
序号	检查验收内容	检查结果	
1	专项技术方案是否经施工单位技术负责人、总监理工程师审批（超高、超重脚手架方案是否经专家审查论证）	是☐	否☐
2	材料选用是否符合专项施工方案要求	是☐	否☐
3	脚手架搭设前是否进行技术交底	是☐	否☐
4	脚手架杆基础、底部垫板等是否符合专项施工方案的要求	是☐	否☐
5	立杆纵、横间距是否符合专项施工方案的要求	是☐	否☐
6	立杆垂直度是否大于 1/200	是☐	否☐
7	纵横向扫地杆设置是否齐全	是☐	否☐
8	大、小横杆步距是否符合专项施工方案设计要求	是☐	否☐
9	剪刀撑设置是否符合专项施工方案设计的要求	是☐	否☐
10	连墙杆件设置是否符合专项施工方案设计的要求，且不大于 3 步 3 跨	是☐	否☐
11	架身整体稳固，有无摆晃	是☐	否☐
12	脚手板是否满铺并固定，有无探头板	是☐	否☐
13	防护栏杆设施是否符合专项施工方案的要求	是☐	否☐
14	安全网是否符合专项施工方案设计的要求且挂设完好	是☐	否☐
15	作业层楼层临边与外架之间是否设置安全防护	是☐	否☐
检查（验收）意见： ☐符合要求，同意使用 ☐存在隐患，需要整改			
检查（验收）人员：（依据实际检查人员填写） 日期：　　年　月　日			

注　1. 本表由职能部门或项目部填写。用于项目部对脚手的验收；职能部门对脚手架的专项检查。

2. 本表编制依据：《建筑施工脚手架安全技术统一标准》（GB 51210—2016）、《水利水电工程施工通用安全技术规程》（SL 398—2007）、《水利水电工程施工安全防护设施技术规范》（SL 714—2015）、《水利水电工程施工安全管理导则》（SL 721—2015）。

表 1.4-35　防汛值班记录

编号：××AQ04-35

单位（项目）名称：例：××工程

<table>
<tr><td>值班人员姓名</td><td>×××</td><td>值班人员电话</td><td>×××</td></tr>
<tr><td>天气情况</td><td>（晴/阴/小雨/中雨/暴雨/雷电/雪/……）</td><td>值班日期</td><td>××××年××月××日</td></tr>
<tr><td colspan="2">检查内容</td><td colspan="2">检查情况</td></tr>
<tr><td colspan="2">施工现场、办公区、生活区是否有积水</td><td colspan="2">是☑　否□</td></tr>
<tr><td colspan="2">雨水排放系统、泄洪设施是否有效</td><td colspan="2">是□　否☑</td></tr>
<tr><td colspan="2">临时用电是否安全有效</td><td colspan="2">是☑　否□</td></tr>
<tr><td colspan="2">临时设施（房屋、围挡）是否安全</td><td colspan="2">是□　否☑</td></tr>
<tr><td colspan="2">施工现场材料是否进行覆盖</td><td colspan="2">是☑　否□</td></tr>
<tr><td colspan="2">防汛物资是否齐全</td><td colspan="2">是□　否☑</td></tr>
<tr><td colspan="2">防汛应急人员是否在岗</td><td colspan="2">是☑　否□</td></tr>
<tr><td colspan="4">值班期间发现安全隐患以及处理情况</td></tr>
<tr><td colspan="4">例：
安全隐患：1. 雨水排放系统效果不理想；
2. ……

处理情况：1. 立即修理雨水排放系统，使之安全有效；
2. ……

检查人：</td></tr>
</table>

注　本表编制依据：《中华人民共和国防洪法》、《中华人民共和国防汛条例》、《水利工程建设安全生产管理规定》（水利部令第 26 号）、《水利水电工程施工通用安全技术规程》（SL 398—2007）、《水利水电工程施工安全管理导则》（SL 721—2015）。

表 1.4-36　防洪度汛专项检查记录

编号：××AQ04-36

单位（项目）名称：例：××工程

序号	检查内容	检查结果	存在问题	备注
1	是否成立防汛机构	是□　　否□	例：防汛机构人员不全	（填写另需说明的相关内容）
2	是否建立并落实责任制，责任是否到人	是□　　否□	……	……
3	施工进度是否满足度汛要求	是□　　否□		
4	防洪度汛方案是否制定，是否上报建设单位并批复	是□　　否□		
5	防洪度汛方案和应急预案是否已经对各部室、各作业队进行交底	是□　　否□		
6	施工围堰、防洪墙等强度及基坑支护是否满足设计要求	是□　　否□		
7	动力、通信、交通、供水、排水、消防等设施，是否状况良好	是□　　否□		
8	抢险物资是否按要求储备	是□　　否□		
9	对有可能诱发山体滑坡、垮塌和泥石流等山地灾害的施工作业点，是否制定预防应急措施	是□　　否□		
10	对会遭受洪水危害的施工道路是否有警示标志	是□　　否□		
11	有无受洪水影响建筑物或大型设备，是否搬迁或制定专项措施	是□　　否□		
12	是否进行汛前演练		是□　　否□	

制表人：（安全质量部职员）　审核人：（安全质量部部长/项目经理）　　　时间：　　年　月　日

注　本表编制依据：《中华人民共和国防洪法》、《中华人民共和国防汛条例》、《水利工程建设安全生产管理规定》（水利部令第 26 号）、《水利水电工程施工通用安全技术规程》（SL 398—2007）、《水利水电工程施工安全管理导则》（SL 721—2015）。

表 1.4-37 机动车/驾驶员登记表

编号：××AQ04-37

序号	设备名称	型号	编号	行驶证	驾驶员	驾驶证号	是否年审		备注
							驾驶证	行驶证	
1	例：自卸汽车	例：HE×3251Z	例：0001	有/无	×××	×××××××	（是/否）	（是/否）	（填写另需说明的相关内容）
2	……	……	……	……	……	……	……	……	……

注 本表编制依据：《水利水电工程施工通用安全技术规程》（SL 398—2007）、《水利水电工程施工安全防护设施技术规范》（SL 714—2015）。

表 1.4-38　消防设施设备台账

编号：××AQ04-38

单位（项目）名称：例：××公司

序号	设施名称	规格型号	数量	位置	责任人	购置时间	备注
1	例：灭火器	例：MFZABC5	例：5	例：办公楼	（安全质量部部长）	××××年××月××日	（填写另需说明的相关内容）
2	……	……	……	……	……	……	……

填表人：（安全质量部职员）　　　　填表日期：　　年　月　日

注　本表编制依据：《中华人民共和国消防法》、《建筑灭火器配置设计规范》（GB 50140—2010）、《建筑灭火器配置验收及检查规范》（GB 50444—2008）、《建设工程施工现场消防安全技术规范》（GB 50720—2011）、《水利水电工程施工通用安全技术规程》（SL 398—2007）、《水利水电工程施工安全管理导则》（SL 721—2015）、《灭火器维修》（GA 95—2015）。

表 1.4-39　消防设施设备检查记录

编号：××AQ04-39

单位（项目）名称：例：××公司

序号	设施名称	规格型号	数量	配置地点	××××年各月检查情况											
					1	2	3	4	5	6	7	8	9	10	11	12
1	例：灭火器	例：MFZABC5	例：5	例：办公楼	例：√	例：√	例：√	例：√	例：√	例：√	例：√	例：√	例：√	例：√	例：√	例：√
2	……	……	……	……	…	…	…	…	…	…	…	…	…	…	…	…

填表人：（安全质量部职员）　　检查人：（安全质量部部长）　　填表日期：　　年　月　日

注　1. 消防设施每月检查一次，无问题打"√"，有问题打"×"。

2. 本表编制依据：《中华人民共和国消防法》、《建筑灭火器配置设计规范》（GB 50140—2010）、《建筑灭火器配置验收及检查规范》（GB 50444—2008）、《建设工程施工现场消防安全技术规范》（GB 50720—2011）、《水利水电工程施工通用安全技术规程》（SL 398—2007）、《水利水电工程施工安全管理导则》（SL 721—2015）、《灭火器维修》（GA 95—2015）。

表 1.4-40　消防重点部位登记表

编号：××AQ04-40

单位（项目）名称：例：××工程

序号	部位名称	消防器材配发情况	防火责任人	检查时间	结果
1	例：食堂	（已配发/未配发）	（物业管理部部长）	例：××××年×月×日	例：合格
2	……	……	……	……	……
检查负责人	（安全质量部部长）		专职安全员		
填表人	（安全质量部职员）		填表日期	年　月　日	

注　1. 本表一式 2 份，由施工单位填写，用于归档和备查。

2. 本表编制依据：《中华人民共和国消防法》、《建筑灭火器配置设计规范》（GB 50140—2010）、《建筑灭火器配置验收及检查规范》（GB 50444—2008）、《建设工程施工现场消防安全技术规范》（GB 50720—2011）、《水利水电工程施工通用安全技术规程》（SL 398—2007）、《水利水电工程施工安全管理导则》（SL 721—2015）、《灭火器维修》（GA 95—2015）。

表 1.4-41　消防安全检查记录

编号：××AQ04-41

单位：例：××工程项目部

被检查单位		例：××工程项目部	被检查单位（项目部）负责人	（例：项目经理）	
序号	检查项目	检查内容		检查结果	备注
一	消防安全制度	1. 是否制定了符合本单位、本岗位实际的消防安全制度和操作规程以及执行落实情况		是□　否□	（填写另需说明的相关内容）
		2. 是否建立了防火检查制度		是□　否□	…
二	消防安全管理	1. 消防安全责任是否明确，是否确定消防安全责任人和管理人		是□　否□	
		2. 是否落实消防安全责任制并明确各岗位的消防安全职责		是□　否□	
		3. 是否建立了本单位(项目部)消防安全重点部位的防火档案，对防火档案是否及时进行补充和完善		是□　否□	
三	建筑消防设施管理	消防器材	1. 办公区域消火栓是否完好，供水是否正常	是□　否□	
			2. 灭火器是否有效	是□　否□	
			3. 对现场消防设施、器材的维护、保养情况	是□　否□	
		火灾报警系统	1. 报警系统是否完好、正常	是□　否□	
			2. 报警按钮是否正常	是□　否□	
		灭火器配备情况	灭火器是否配置到位	是□　否□	
四	现场管理	1. 工作现场是否存在火灾隐患		是□　否□	
		2. 安全警示标志是否齐全、醒目		是□　否□	
		3. 岗位人员了解本岗位的火灾危险性及预防措施，并且做到会报警、会使用消防器材、会扑救初起火灾、会组织人员疏散		是□　否□	
		4. 职工是否掌握了火灾应急预案，是否具备熟练的操作能力		是□　否□	
		5. 用电设备接地是否正确，接地电阻是否符合标准，是否有测量有记录		是□　否□	
		6. 消防器材配备是否到位，是否进行定期检查		是□　否□	
		7. 易燃、易爆危险物品的保管、贮存量及防火措施是否符合要求		是□　否□	
		8. 电线、插座、开关、闸刀等是否正确安装、固定、绝缘		是□　否□	
		9. 是否有漏电、过载保护开关，是否存在临时乱拉乱接临时用电线路、超负荷用电现象		是□　否□	
		10. 安全出口、疏散通道畅通，应急照明是否完好		是□　否□	
五	火灾隐患整改情况	1. 是否进行了火灾隐患的自查自改		是□　否□	
		2. 公司消防管理部门查出的火灾隐患是否在规定期限内整改		是□　否□	
整改要求		例：立即进行整改			
检查人员（签名）		（填写实际检查人员）			

注　1. 本表由职能部门或项目部填写，用于各级消防专项检查。

2. 本表编制依据：《中华人民共和国消防法》、《建筑灭火器配置设计规范》（GB 50140—2010）、《建筑灭火器配置验收及检查规范》（GB 50444—2008）、《建设工程施工现场消防安全技术规范》（GB 50720—2011）、《水利水电工程施工通用安全技术规程》（SL 398—2007）、《水利水电工程施工安全管理导则》（SL 721—2015）、《灭火器维修》（GA 95—2015）。

表 1.4-42　施工现场动火证记录

编号：××AQ04-42

施工单位：例：××工程项目部

申请部门	例：××施工班组	作业人员	×××
用火时间	××××年×月×日×时×分　　至　　××××年×月×日×时×分		
用火部位： 例：节制闸闸身止水带焊接 签字：			
用火理由： 例：止水带需连贯无渗漏 签字：			
消防措施： 例：1.在动火作业周围配备足量符合安全质量要求的消防器材。 2. …… 签字：			
批准单位	例：安全质量部		
批准意见：同意/不同意 批准人签字：（安全质量部部长）　　批准时间：　年　月　日			

注　1. 此表一式 2 份，项目部安全员持 1 份，动火班组持 1 份。

2. 本表编制依据：《建设工程施工现场消防安全技术规范》（GB 50720—2011）。

表 1.4-43　危险化学品安全管理台账

编号：××AQ04-43

日期	危化品名称	规　格	入库		领用		退回		库存数量	备　注
			数量	签字	数量	签字	数量	签字		
××××年×月×日	例：石油液化气罐	例： 直径：320mm 高度：680mm	例：10	（食堂管理员）	例：5	（领用人签字）	例：3	（食堂管理员）	例：8	（填写另需说明的相关内容）
……	……	……	……	……	……	……	……	……	……	……

注　本表编制依据：《危险化学品安全管理条例》、《民用爆炸物品安全管理条例》、《水利行业涉及危险化学品安全风险的品种目录》（办安监涵〔2016〕849号）、《水利水电工程施工通用安全技术规程》（SL 398—2007）、《水利水电工程施工安全管理导则》（SL 721—2015）。

表 1.4-44　高边坡或深基坑巡视检查记录

编号：××AQ04-44

<table>
<tr><td colspan="2">项目名称</td><td>例：××工程</td><td>施工单位</td><td>例：××公司</td></tr>
<tr><td colspan="2">施工部位</td><td>例：深基坑</td><td>施工内容</td><td>例：基坑开挖</td></tr>
<tr><td colspan="2">负责人</td><td>（项目经理）</td><td>施工期限</td><td>例：25 天</td></tr>
<tr><td>检查存在问题</td><td colspan="4">例：1. 基坑周围没有防护栏；
2. ……

负责人：×××　　　　（安全员）
年　月　日</td></tr>
<tr><td>整改情况</td><td colspan="4">例：1. 基坑周围已在整改期限内按要求设置符合安全规定的防护栏；
2. ……

负责人：×××　　（现场施工人员）　　　　年　月　日</td></tr>
</table>

注　本表编制依据：《水利工程建设安全生产管理规定》（水利部令第 26 号）、《水利水电工程施工通用安全技术规程》（SL 398—2007）、《水利水电工程土建施工安全技术规程》（SL 399—2007）、《水利水电工程施工安全防护设施技术规范》（SL 714—2015）、《水利水电工程施工安全管理导则》（SL 721—2015）。

表 1.4-45　隧洞有害气体监测仪器选用参照表

编号：××AQ04-45

序号	仪器名称	型号	主要技术指标	仪器特点	产地及用途	使用方法
1	四合一气体检测仪	YHA102	量程参数为： 0 ~ 100%CH_4，0 ~ 50ppmH_2S，0 ~ 500ppmCO，0 ~ 25%O_2	全自动，可任意调节报警指标，自动报警，精度高	英国产，测CH_4、H_2S、CO、O_2	由检测人员随身携带巡检
2	三合一气体检测仪	GB×2（NL式）	可任意调节报警指标并且当出现警报状态时发出特定的警报信号，它能在可燃性气体浓度超过了爆破下限、CO 浓度超过 500ppm 和 H_2S 浓度超过了 100ppm 进行检测并显示，它也能对氢气浓度在 0 ~ 25%以外范围的情况进行分析，当达到预置的缺氧水平，或检测到了可燃性气体、CO、H_2S 时，发出特定警报	较先进的有害气体监测仪，其精度高，自我保护装置优良，不易损坏，故障率低	日本产测CH_4、CO、O_2	由现场检测人员在洞内各部位巡检
3	有害气体警报断电仪	DJ-2	1. 测量范围：0 ~ 3% CH_4； 2. 误差：浓度在 0 ~ 1.0%时，误差 ± 0.10%；浓度在 1.0% ~ 2.0%时，误差 ± 0.12%；浓度在 2.0% ~ 3.0%时，误差 ± 0.3%； 3. 检测距离：0 ~ 1000m（主机至探头）； 4. 报警点：0.5% ~ 1.5% CH_4 可调； 5. 断电点：0.5% ~ 2%可调	可对 CH_4 进行连续检测，声光报警，精度高，探头移动位置大，在出现瓦斯超限时自动切断洞内电源，人工送电，确保安全	国产，测 CH_4	掌子面，衬砌台车
4	光干涉甲烷测定器	GWJ-1A	1. 测量范围：0 ~ 10%CH_4； 2. 误差范围：浓度在 0 ~ 1%时，误差 ± 0.05%；浓度在 1% ~ 4%时，误差 ± 0.1%；浓度在 4% ~ 7%时，误差 ± 0.2%；浓度在 7% ~ 10%时，误差 ± 0.3%	精度高，可探测探孔内浓度，测定范围大	国产，测 CH_4	由值班检测人员随身携带测洞内各处
5	甲烷测定报警仪	JCB-2	1. 测量范围：0 ~ 5%CH_4； 2. 报警方式：0.5% ~ 2%CH_4 连续可调； 3. 响应时间：30s； 4. 外形尺寸：140mm × 72mm × 33mm	连续监测，携带方便，具有声光报警功能，适合管理人员使用，但其寿命较短	国产，测 CH_4	由管理人员进洞随身携带

续表 1.4-45

序号	仪器名称	型号	主要技术指标	仪器特点	产地及用途	使用方法
6	沼气检测报警仪	AZJ-92	1. 测量范围：0～5%CH_4； 2. 误差范围：浓度在 0～2%时，误差小于 0.1%；浓度在 2%～3.5%时，误差小于 0.2%；浓度在 3.5%～5%时，误差小于 0.3%； 3. 催化元件使用寿命：一年以上； 4. 外形尺寸：170mm×84mm×36mm	可固定悬挂，亦移动方便	国产，测 CH_4	固定在掌子面、回风区及有害气体可能聚集处
7	甲烷二氧化碳测定仪	JEJ-1	1. 测量范围：0～10%CO_2，3.0%～99.9%CH_4，（0.0～3.0%CH_4 的参考值）； 2. 基本误差：0.0～1.5%CO_2，±0.3CO_2；1.5%～3.0%CO_2，±0.5%CO_2；3.0%～10%CO_2，±1.0%CO_2；3.0%～99.9%CH_4，误差不大于真值约 10%	属热导式， 可测高、低浓度 CH_4、CO_2	国产，测 CH_4、CO_2	由检测人员随身携带，进行检测
8	有害气体突出预测仪	ATY	1. 测量范围：0～10000Pa； 2. 测量精度：±1.5%； 3. 分辨率：10Pa； 4. 环境条件：温度 0～40℃，相对湿度 95%以内； 5. 外形尺寸：220mm×150mm×70mm	具有数据处理、储存、打印、报警等功能	国产，预测突出危险性	在工作面使用
9	气体采样器	×K-1		操作简单，携带方便，价格低廉。用于各种剂量浓度检测试管，测各种高低浓度气体；缺点是误差大	国产，用于气体采集	由检测人员携带，根据有害气体浓度在洞内各处检测

注　本表编制依据：《水利水电工程土建施工安全技术规程》（SL 399—2007）第 3.5.12 条和《水工建筑物地下开挖工程施工规范》（SL 378—2007）。

表 1.4-46　隧洞爆破作业安全检查记录

编号：××AQ04-46

（项目部）：例：××工程

序号	项目	检查内容	标准	结果
1	开挖控制	1.按围岩级别编制爆破设计方案，对爆破设计进行技术交底，按爆破设计交底布孔施作，按要求填塞炮泥，不得在残眼内重新钻孔，装药，按照要求对哑炮进行处理，爆破作业人员必须经培训合格持证上岗		例：开挖方法不符合设计要求
		2.超前地质预报	按设计要求施作，纳入工序管理，资料齐全	
		3.开挖方法	符合设计要求	
		4.台阶法施工	上台阶每循环开挖支护进尺：Ⅴ级、Ⅵ级围岩 1 榀钢架间距，Ⅳ级围岩 2 榀钢架间距	
			Ⅳ级及以上围岩边墙每循环开挖支护进尺为 2 榀钢架间距	
			上台阶长度不超过 7m	
		5.超挖	拱部：Ⅰ级围岩 20cm，Ⅱ～Ⅳ级 25cm，Ⅴ级、Ⅵ级 15cm 边墙：允许平均超挖 10cm	
		6.欠挖	隧洞不应欠挖，只有当围岩完整、石质坚硬时，个别突出部分允许侵限 10cm，拱脚和墙脚以上 1m 内严禁欠挖	
2	初期支护	1.初期支护时间	开挖后立即进行	例：全部符合要求
		2.初期支护背后空洞	不得有空洞，用同级混凝土填塞	
		3.锚杆、超前小导管、管棚及注浆等	根数、长度符合设计要求，注浆符合设计要求，系统锚杆垫板与围岩密贴	
		4.喷射工艺、试件	采用湿喷工艺，要有同条件养护试件	
		5.喷射混凝土厚度、平整度	厚度、平整度、保护层符合设计要求，不得有尖锐物外露	
		6.钢架	间距、规格、型号、连接符合设计要求，间距允许偏差 ± 10cm	
			不得立于虚渣上，不得悬空	
			垂直度符合设计要求，不得有明显倾斜，按设计要求设置锁脚锚杆	
		7.钢筋网片	钢筋规格、型号、间距符合设计要求，搭接长度大于 1～2 个网孔	
3	监控量测	1.量测点埋设	测点在开挖面施工后及时安设，并尽快取得初读数据	……
			测点布置要牢固可靠、易于识别，并注意保护	
			浅埋隧道，地表必须设置监测网点并实施监测	

续表 1.4-46

序号	项目	检查内容	标准	结果
3	监控量测	2.量测点距离及数量	Ⅲ级围岩，30～50m，每断面 1 条水平测线，拱顶设 1 点	浅埋段取小值
			Ⅳ级围岩，10m，每台阶 1 条水平测线，拱顶设 1 点	
			Ⅴ级及以上围岩，5m，每台阶 1 条水平测线，拱顶设 1 点	
		3.量测项目和频次	位移速度不低于 5mm/d 时，每天 2 次	……
			位移速度为 1～5mm/d 时，每天 1 次	
			位移速度为 0.5～1mm/d 时，2～3 天 1 次	
			位移速度为 0.2～0.5mm/d 时，3 天 1 次	
			位移速度小于 0.2mm/d 时，7 天 1 次	
			量测要做好记录，并进行数据分析等	
			量测数据达到 5mm/d 或位移累计达到 100mm 时，要暂停掘进，并分析原因，采取措施处理	
4	通风管理	1.风机	风机型号规格、风管口距掌子面的距离满足设计和方案要求	
		2.通风效果	保证作业人员每人 $3m^3$ /min 新鲜空气量，人员呼吸顺畅	
		3.施工作业时	必须通风	
		4.风管	无破损，无漏风，风管布置直顺，尽量减少弯头，接头	
5	文明施工	1.洞内“三管两路”（通风管、供水管、排水管，供电线路、运输道路）敷设平顺，固定牢固；照明保证亮度充足；污水经处理后排放		
		2.洞内路面整洁，无积水、淤泥和杂物		
检查人员签字：（按照实际检查人员签字）				

注　本表编制依据：《民用爆炸物品安全管理条例》、《爆破安全规程》（GB 6722—2014）、《水工建筑物地下开挖工程施工规范》（SL 378—2007）、《水利水电工程施工通用安全技术规程》（SL 398—2007）、《水利水电工程土建施工安全技术规程》（SL 399—2007）、《水利水电工程施工安全防护设施技术规范》（SL 714—2015）、《爆破作业单位资质条件的管理要求》（GA 990—2012）、《爆破作业项目管理要求》（GA 991—2012）。

表 1.4-47　拱顶沉降观测记录

编号：××AQ04-47

单位（项目部）：例：××工程

观测次数	观测时间	各观测点的沉降情况						备注
		测点 1			测点 2			
		高程/m	本次下沉/mm	累积下沉/mm	高程/m	本次下沉/mm	累积下沉/mm	
1	例：8:00	例：168.594	例：0	例：0	例：168.593	例：1	例：1	（填写另需说明的相关内容）
2	……	……	……	……	……	……	……	……
观测：×××				计算：×××				

注　本表由项目部填写，用于隧洞拱顶变形观测。

表 1.4-48　火工材料使用记录

编号：××AQ04-48

单位（项目部）：例：××工程

序号	爆破日期	作业时间	火工材料用量					哑炮处理	爆破员	安全员
			炸药/kg	导火索/m	导爆索/m	雷管/枚				
						类型	段位			
1	××××年×月×日	例：13:00	例：10	例：15	例：20	例：电雷管	例：1	例：已处理	×××	×××
2	……	……	……	……	……	……	……	……	……	……
合计										
记录人：			×××							

注　1. 本表由项目部填写。内容应如实填写，一式 2 份，1 份交炸药库归档管理，1 份放在洞口备查。

2. 本表编制依据：《水工建筑物地下开挖工程施工规范》（SL 378—2007）。

表 1.4-49　隧洞有害气体、粉尘监测记录

编号：××AQ04-49

单位（项目部）：例：××工程

断面号	距洞口/m	采样时间		测点 CO 浓度/(mg/cm³)	CO_2 所占比率 ($V_{CO_2}/V_{总}$)/%	测点 NO_2 浓度/(mg/cm³)	CH_4 所占比率 ($V_{CH_4}/V_{总}$)/%	粉尘/(mg/m³)	备注
		时	分						
例：0+600	例：600	例：9	例：30	例：18	例：0.3	例：3	例：0.2	例：1	CO：≤30mg/cm³； CO_2：≤0.5%； NO_2：≤5mg/cm³； CH_4：≤0.5%； 粉尘：每立方米空气中，含有 10%以上游离二氧化硅的粉尘必须在 2mg 以下
		……	……	……	……	……	……	……	

自检意见：（合格/不合格）				监理工程师检查意见：（合格/不合格）			
质检员		日期	年　月　日	监理工程师		日期	年　月　日

注　1. 本表由项目部填写。

2. 本表编制依据：《民用爆炸物品安全管理条例》、《爆破安全规程》（GB 6722—2014）、《水工建筑物地下开挖工程施工规范》（SL 378—2007）、《水利水电工程施工通用安全技术规程》（SL 398—2007）、《水利水电工程土建施工安全技术规程》（SL 399—2007）、《水利水电工程施工安全防护设施技术规范》（SL 714—2015）、《爆破作业单位资质条件的管理要求》（GA 990—2012）、《爆破作业项目管理要求》（GA 991—2012）、《缺氧危险作业安全规程》（GB 8958——2006）、《化学品生产单位特殊作业安全规范》（GB 30871—201）。

表 1.4-50　安全技术交底单

编号：××AQ04-50

<table>
<tr><td>施工单位（甲方）</td><td colspan="2">例：××公司</td><td>施工项目名称</td><td>例：××工程</td></tr>
<tr><td>交底人（乙方）</td><td colspan="2">×××</td><td>交底时间</td><td>×××× 年 × 月 × 日</td></tr>
<tr><td>主要交底内容及施工方法</td><td colspan="4">例：
1. 新工人安全生产须知交底
1.1……

2. 十项安全技术措施交底
2.1……

3. ……</td></tr>
<tr><td>参加交底人员</td><td colspan="4">（参加交底人员亲笔签字或按手印）：</td></tr>
</table>

注　本表编制依据：《水利水电工程施工安全管理导则》（SL 721—2015）、《水工建筑物地下开挖工程施工规范》（SL 378—2007）、《水利水电工程施工安全防护设施技术规范》（SL 714—2015）、《水利水电工程施工作业人员安全操作规程》（SL 401—2007）。

表 1.4-51　专项施工方案实施监督检查记录

编号：××AQ04-51

<table>
<tr><td>工程名称：例：××工程</td><td>方案名称：例：脚手架安装专项施工方案</td></tr>
<tr><td>监督日期：××××年×月×日</td><td>天　　气：例：晴</td></tr>
<tr><td colspan="2">旁站部位及工序：
例：脚手架安装；搭设前检查内容、立杆基础检查内容、立杆、纵、横向水平杆（大、小横杆）杆件构造及搭设检查内容等</td></tr>
<tr><td colspan="2">施工情况：工程量、投入的机械设备名称数量、施工工艺等</td></tr>
<tr><td colspan="2">检查内容：试验数据资料、测量数据资料、工艺是否符合设计方案等</td></tr>
<tr><td colspan="2">存在问题：
例：经现场检查，有×个卡扣连接不牢固，存在安全隐患</td></tr>
<tr><td colspan="2">处理情况：
例：卡扣已更换并连接牢固</td></tr>
<tr><td colspan="2">自检人员：（技术负责人、质检员、安全员、现场施工人员）

年　月　日</td></tr>
</table>

注　本表编制依据：《建设工程安全生产管理条例》、《水利工程建设安全生产管理规定》（水利部令第 26 号）、《水利水电工程施工通用安全技术规程》（SL 398—2007）、《水利水电工程施工安全管理导则》（SL 721—2015）。

表 1.4-52　爆破试验记录

编号：××AQ04-52

<table>
<tr><td>项目名称</td><td colspan="5">例：××工程</td></tr>
<tr><td>爆破位置</td><td colspan="5">例：基坑</td></tr>
<tr><td colspan="6">工　作　面　爆　破</td></tr>
<tr><td>起爆方式及起爆器材</td><td colspan="5">例：以浅孔爆破为主，爆破钻孔采用 3m³/min 柴油空压机带气腿式钻机或汽油钻机，炸药采用 2 号硝铵炸药</td></tr>
<tr><td>设计爆破炮眼总数</td><td>例：20 个</td><td>领用炸药</td><td>例：8kg</td><td>领用雷管</td><td>例：30 个</td></tr>
<tr><td>实际起爆炮眼总数</td><td>例：20 个</td><td>实用炸药</td><td>例：8kg</td><td>实用雷管</td><td>例：29 个</td></tr>
<tr><td>是否拒爆</td><td>是/否</td><td>盲炮个数</td><td>例：0</td><td></td><td></td></tr>
<tr><td colspan="6">爆后检查情况：
例：每次爆破完成后，必须按照规定的等待时间进入爆破地点检查有无盲炮和其他不安全因素。如果发现有危石、盲炮等现象，应及时处理，未处理前应在现场设立危险警戒或标志。未用完的爆炸物品进行仔细清点、退库……</td></tr>
<tr><td colspan="6">剩余爆炸物品处理方式：
例：及时封存后专业运输退还...</td></tr>
<tr><td colspan="6">二　次　破　碎</td></tr>
<tr><td colspan="6">盲炮或拒爆处理办法：
例：1. 电力起爆发生盲爆时，应立即切断电源，及时将盲炮电路短路。导爆索和导爆管起爆网路发生盲炮时，应首先检查导爆管是否有破损或断裂，发现有破损或断裂的应修复后重新起爆。
2. ……</td></tr>
<tr><td>炮眼个数</td><td>例：5 个</td><td>领用炸药</td><td>例：2kg</td><td>实用炸药</td><td>例：2kg</td></tr>
<tr><td>领用雷管</td><td>例：5 个</td><td>实用雷管</td><td>例：5 个</td><td></td><td></td></tr>
<tr><td colspan="6">剩余爆炸物品处理方式：
例：及时封存后专业运输退还……</td></tr>
<tr><td colspan="6">爆破效果：（有无安全生产事故发生）</td></tr>
<tr><td colspan="6">爆破负责人：（项目经理）　　爆破员：×××　　爆破时间：　年　月　日　时　分</td></tr>
</table>

注　本表编制依据：《水工建筑物地下开挖工程施工规范》（SL 378—2007）。

表 1.4-53　临近高压带电体作业许可证

编号：××AQ04-53

工程名称	例：××工程	施工地点	例：××省××市××县
施工单位	例：××公司		
操作人	×××	作业证号	××××××××××
作业内容	例：起重作业		
作业时间	例：××××年×月×日×时×分		
高压带电体等级	（实际电压等级）		

序号	主要安全措施	选项	确认人签字
1	作业人员身体条件符合要求	是□　否□	
2	作业人员持有作业操作证并了解现场急救知识	是□　否□	
3	作业人员按规定穿戴和使用劳动防护用品	是□　否□	
4	带电作业所使用工具、装置和设备经检验合格	是□　否□	
5	有批准的施工作业指导书	是□　否□	
6	现场搭设的脚手架、防护围栏符合安全规程，有警示标志	是□　否□	
7	现场有负责人和监护人	是□　否□	
8	对作业人员进行现场交底、风险告知等	是□　否□	
9	临近带电体作业设备有接地装置	是□　否□	
10	作业时现场气象情况：符合作业要求	是□　否□	
11	30m 以上进行高处作业应配备有通信联络工具	是□　否□	
12	其他补充安全措施	是□　否□	
危害识别	已进行危害识别，主要风险：触电、高处坠落。	是□　否□	
	已进行安全告知	是□　否□	
现场负责人签名：　　　年　月　日	作业队安全负责人签名：　　　年　月　日		

注　本表编制依据：《电力安全工作规程　电力线路部分》（GB 26859—2011）、《建设工程施工现场供用电安全规范》（GB 50194—2014）、《水利水电工程施工通用安全技术规程》（SL 398—2007）、《水利水电工程施工作业人员安全操作规程》（SL 401—2007）、《水利水电工程施工安全防护设施技术规范》（SL 714—2015）。

表 1.4-54　安全警示标志、标牌使用计划

编号：××AQ04-54

序号	内　　容	尺寸	数量/个	备注
1	例：禁止烟火	例：40cm×50cm	例：10	（填写另需说明的相关内容）
2	……	……	……	……

注　本表编制依据：《消防安全标志 第 1 部分：标志》（GB 13495.1—2015）、《工作场所职业病危险警示标识》（GB 158—2003）、《安全色》（GB 2893—2008）、《水利水电工程施工通用安全技术规程》（SL 398—2007）、《安全标志及使用规则》（GB 2894—2008）。

表 1.4-55 工程分承包方调查评价记录（一）

编号：××AQ04-55

企业名称	例：××施工公司		
企业地址	例：××省××市××区××号		
企业资质	例：水利行业施工总承包叁级...		
企业法定代表人	×××	联系电话	×××××××××××
企业营业执照	见附件（附后）		
资质证书	见附件（附后）		
安全生产许可证	见附件（附后）		
工程施工策划	见附件（工程施工管理规划，要包含工程施工方法，质量、安全、环境、职业健康技术保证措施）		
拟投入本工程主要机械设备	见附件（附表包括拟投入本工程设备名单及设备情况）		
拟投入本工程人员结构和素质	[填写工程分包方调查评价记录表（二）并上报主要管理人员证件复印件]		
专业能力评价			
近三年类似工程业绩和信誉			
工程名称	合同价款	业主评价	备注
例：××护岸工程	例：1000000 元	例：质量高、信用好……	（填写另需说明的相关内容）
……	……	……	……
项目部综合初评意见	（按照实际意见填写）		
主控部门审核意见	（按照实际意见填写） 负责人签字：		

调查人：（安全质量部职员）　　审核人：（项目经理）　　日期：　年　月　日

表 1.4-56　工程分承包方调查评价记录（二）

编号：××AQ04-56

<table>
<tr><td rowspan="12">拟投入本工程人员结构和素质评价</td><td>序号</td><td>姓名</td><td>性别</td><td>职务</td><td>出生日期</td><td>人员素质（管理水平/技能水平）评价</td><td>建议措施</td></tr>
<tr><td>1</td><td>×××</td><td>（男/女）</td><td>例：副总经理</td><td>例：1970-01-01</td><td>（依据实际评价填写）</td><td>例：建议在岗培训</td></tr>
<tr><td>2</td><td>……</td><td>……</td><td>……</td><td>……</td><td>……</td><td>……</td></tr>
<tr><td></td><td></td><td></td><td></td><td></td><td></td><td></td></tr>
<tr><td></td><td></td><td></td><td></td><td></td><td></td><td></td></tr>
<tr><td></td><td></td><td></td><td></td><td></td><td></td><td></td></tr>
<tr><td></td><td></td><td></td><td></td><td></td><td></td><td></td></tr>
<tr><td></td><td></td><td></td><td></td><td></td><td></td><td></td></tr>
<tr><td></td><td></td><td></td><td></td><td></td><td></td><td></td></tr>
<tr><td></td><td></td><td></td><td></td><td></td><td></td><td></td></tr>
<tr><td></td><td></td><td></td><td></td><td></td><td></td><td></td></tr>
<tr><td></td><td></td><td></td><td></td><td></td><td></td><td></td></tr>
</table>

调查人：（安全质量部职员）　　　　审核人：（项目经理）　　　　日期：　　年　月　日

注　1. 评价对象：所有从事与质量、环境和职业健康安全有关工作的人员，包括管理人员和非管理人员。

2. 人员素质评价分为：①符合职务；②基本符合职务；③不符合职务。

3. 建议措施：对于“基本符合职务”和“不符合职务”的人员，评价人员应提出需采取的措施，如：“岗前培训”“在岗培训”“沟通更换人员”等。

表 1.4-57　拟分包工程申请审批表

编号：××AQ04-57

<table>
<tr><td>工程名称</td><td>例：××</td><td>建设单位</td><td colspan="2">例：××设公司</td></tr>
<tr><td>合同名称</td><td>例：×××水保生态工程——紫花苜蓿种植</td><td>合同编号</td><td colspan="2">×××××××</td></tr>
<tr><td>分包工程
内容及规模</td><td colspan="4">例：紫花苜蓿种植</td></tr>
<tr><td>计划分包主要
工程量</td><td colspan="4">（见附表）</td></tr>
<tr><td>计划分包主要
材料用量</td><td colspan="4">（见附表）</td></tr>
<tr><td>主体工程
进度安排</td><td colspan="4">××××年 × 月 × 日至××××年 × 月 × 日</td></tr>
<tr><td>分包工程
进度安排</td><td colspan="4">××××年 × 月 × 日至××××年 × 月 × 日</td></tr>
<tr><td>拟分包方式及
价款</td><td colspan="4">固定单价合同；××元/（天•人）</td></tr>
<tr><td>拟分包
原　因</td><td colspan="4">劳务需要</td></tr>
<tr><td>拟分包
意向单位</td><td colspan="4">例：×××劳务公司</td></tr>
<tr><td>计划分包单价</td><td colspan="4">××元/（天•人）</td></tr>
<tr><td>建设单位
意见及批文</td><td colspan="4">（附建设单位批文复印件）</td></tr>
<tr><td>项目部意见</td><td colspan="4">（同意/不同意）</td></tr>
<tr><td rowspan="2">主控部门
审核意见</td><td colspan="2" rowspan="2">（同意/不同意）</td><td>审 批 人</td><td>×××</td></tr>
<tr><td>审批日期</td><td>××××年 × 月 × 日</td></tr>
<tr><td>分管领导
审批意见</td><td colspan="2">（同意/不同意）</td><td>签字</td><td>×××</td></tr>
<tr><td>法定代表人
审批意见</td><td colspan="2">（同意/不同意）</td><td>签字</td><td>×××</td></tr>
</table>

编制：（安全质量部职员）　　审核：（项目经理）　　日期：　　年　月　日

表 1.4-58　工程分承包方考核评价表

编号：××AQ04-58

工程项目名称：例：×××水保生态工程

分包工程项目名称：例：×××水保生态工程——紫花苜蓿种植

分包单位名称：例：××劳务公司

<table>
<tr><td>序号</td><td>考核内容</td><td colspan="3">评定标准</td><td>审核部门</td><td>审核意见</td><td>考核人</td></tr>
<tr><td>1</td><td>工程质量</td><td>优良</td><td>合　格</td><td>不合格</td><td rowspan="3">安全质量部</td><td>例：不合格</td><td rowspan="3">（安全质量部部长）</td></tr>
<tr><td>2</td><td>环境保护</td><td>很好</td><td>较　好</td><td>不　好</td><td>……</td></tr>
<tr><td>3</td><td>职业健康安全</td><td>达标</td><td>基本达标</td><td>不合格</td><td></td></tr>
<tr><td>4</td><td>技术能力</td><td>达标</td><td>基本达标</td><td>不合格</td><td rowspan="4">总工办</td><td></td><td rowspan="4">（总工）</td></tr>
<tr><td>5</td><td>信誉及诚信</td><td>很好</td><td>较　好</td><td>不　好</td><td></td></tr>
<tr><td>6</td><td>工程进度</td><td>提前</td><td>按　期</td><td>延　期</td><td></td></tr>
<tr><td>7</td><td>文明施工</td><td>达标</td><td>基本达标</td><td>不合格</td><td></td></tr>
<tr><td>8</td><td>岗位资质能力</td><td>达标</td><td>基本达标</td><td>不合格</td><td>人力资源部</td><td></td><td>（人力资源部部长）</td></tr>
<tr><td>9</td><td>机具装备</td><td>达标</td><td>基本达标</td><td>不合格</td><td>办公室</td><td></td><td>（办公室主任）</td></tr>
<tr><td>10</td><td>资金使用</td><td>合理</td><td>基本合理</td><td>不合理</td><td>财务部</td><td></td><td>（财务部部长）</td></tr>
<tr><td colspan="2">项目部意见</td><td colspan="5">（同意/不同意）</td><td>（项目经理）</td></tr>
<tr><td colspan="2">主管经理审批意见</td><td colspan="5">（同意/不同意）</td><td>（主管经理）</td></tr>
</table>

编制：（安全质量部职员）　　审核：（项目经理）　　日期：　　年　月　日

表 1.4-59　合格工程分承包方名册

编号：××AQ04-59

序号	单位名称	资质等级	主要施工范围	联系人	联系方式
1	例：××施工公司	例：水利水电施工总承包叁级	例：水利、电力...	×××	×××××××××××
2	……	……	……	……	……

编制：（安全质量部职员）　　审核：（项目经理）　　日期：　　年　月　日

表 1.4-60　内部劳务承包方调查评价表

编号：××AQ04-60

<table>
<tr><td>劳务分承包方名称</td><td colspan="3">例：×××劳务公司</td></tr>
<tr><td>负责人或联系人姓名</td><td>×××</td><td>电话</td><td>×××××××××××</td></tr>
<tr><td>拟承担的工作内容</td><td colspan="3">例：×××水保生态工程——紫花苜蓿种植</td></tr>
<tr><td colspan="4">评　价　内　容</td></tr>
<tr><td colspan="4">近三年承建项目业绩（质量、环境、职业健康安全评价）</td></tr>
<tr><td>工 程 名 称</td><td>承包内容</td><td colspan="2">项目部评价</td></tr>
<tr><td>例：×××劳务工程</td><td>例：×××水保生态工程——紫花苜蓿种植</td><td colspan="2">例：质量高、信誉好……</td></tr>
<tr><td>……</td><td>……</td><td colspan="2">……</td></tr>
<tr><td></td><td></td><td colspan="2"></td></tr>
<tr><td></td><td></td><td colspan="2"></td></tr>
<tr><td></td><td></td><td colspan="2"></td></tr>
<tr><td rowspan="4">劳务人员组成及员工素质情况</td><td>例：电工技术工种人员</td><td colspan="2">例：1 人</td></tr>
<tr><td>例：木工技术工种人员</td><td colspan="2">例：2 人</td></tr>
<tr><td>例：普通技术工种人员</td><td colspan="2">例：50 人</td></tr>
<tr><td>是否满足要求</td><td colspan="2">是/否</td></tr>
<tr><td>评价意见</td><td>优秀/一般/差</td><td>审核结论</td><td>合格/不合格</td></tr>
<tr><td>填报单位</td><td>例：×××劳务公司</td><td>审核部门</td><td>安全质量部</td></tr>
<tr><td>评价负责人</td><td>（安全质量部部长）</td><td>审核人</td><td>（项目经理）</td></tr>
<tr><td>日　　期</td><td>××××年×月×日</td><td>日　　期</td><td>××××年×月×日</td></tr>
</table>

表 1.4-61　内部劳务承包方管理工作考核表

编号：××AQ04-61

<table>
<tr><td>劳务分承包方名称</td><td>例：×××劳务公司</td><td>负责人</td><td>劳务公司项目经理</td></tr>
<tr><td colspan="4">考核记录：

例：工作概况与工作完成情况描述。

项目部：（公章）
考核人：（项目经理）

年　月　日</td></tr>
<tr><td colspan="4">总工办审核意见：

（合格/不合格）

审核人：（总工）
（公章）

年　月　日</td></tr>
</table>

表 1.4-62　合格内部劳务承包方名册

编号：××AQ04-62

序号	劳务承包方名称	所承担工作内容	负责人	备　注
1	例：×××劳务公司	例：×××水保生态工程——紫花苜蓿种植	×××	（填写另需说明的相关内容）
2	……	……	……	……

编制：（安全质量部职员）　　　　审核：（项目经理）　　　　日期：　　年　月　日

表 1.4-63　劳务分承包方调查评价表（一）

编号：××AQ04-63

<table>
<tr><td>企业名称</td><td colspan="4">例：×××劳务公司</td></tr>
<tr><td>企业地址</td><td colspan="4">例：××省××市××县</td></tr>
<tr><td>企业资质</td><td colspan="4">例：××分包××级；××分包××级</td></tr>
<tr><td>企业法定代表人</td><td>×××</td><td colspan="2">联系电话</td><td>×××××××××××</td></tr>
<tr><td>企业营业执照</td><td colspan="4">见附件（附后）</td></tr>
<tr><td>资质证书及营业范围</td><td colspan="4">见附件（附后）</td></tr>
<tr><td>安全许可证</td><td colspan="4">见附件（附后）</td></tr>
<tr><td>机具装备情况</td><td colspan="4">如果有，上报附表（附表包含劳务分包方自带的机具装备列表及机具装备情况）</td></tr>
<tr><td>拟投入的劳务人员结构和素质</td><td colspan="4">填写劳务分包方调查评价表（二）</td></tr>
<tr><td>专业能力评价</td><td colspan="4">（优秀/一般/差）</td></tr>
<tr><td colspan="2">技术、质量、安全、施工管理的保证能力评价</td><td colspan="3">（优秀/一般/差）</td></tr>
<tr><td colspan="5">近三年类似承包工程业绩和信誉</td></tr>
<tr><td>承包项目名称</td><td>承包价款/元</td><td colspan="2">工程总承包单位评价</td><td>备注</td></tr>
<tr><td>例：×××水保生态工程——紫花苜蓿种植</td><td>例：1000000.00</td><td colspan="2">例：质量高、信誉好……</td><td>（填写另需说明的相关内容）</td></tr>
<tr><td>……</td><td>……</td><td colspan="2">……</td><td>……</td></tr>
<tr><td></td><td></td><td colspan="2"></td><td></td></tr>
<tr><td></td><td></td><td colspan="2"></td><td></td></tr>
<tr><td>项目部综合初评意　　见</td><td colspan="4">（依据实际意见填写）</td></tr>
<tr><td>主控部门审核意　　见</td><td colspan="4">（依据实际意见填写）
负责人签字：×××</td></tr>
</table>

调查人：（安全质量部职员）　　审核人：（项目经理）　　日期：　　年　月　日

表 1.4-64 劳务分承包方调查评价表（二）

编号：××AQ04-64

<table>
<tr><td rowspan="12">拟投入本工程人员结构和素质评价</td><td>序号</td><td>劳务工种</td><td>姓名</td><td>性别</td><td>出生年月</td><td>身份证号</td><td>人员素质/技能水平评价</td><td>备注</td></tr>
<tr><td>1</td><td>××工种</td><td>（带队负责人）</td><td>男/女</td><td>××××年×月×日</td><td>例：220××××××××</td><td>例：优秀</td><td>（填写另需说明的相关内容）</td></tr>
<tr><td>2</td><td>……</td><td>……</td><td>……</td><td>……</td><td>……</td><td>……</td><td>……</td></tr>
<tr><td></td><td></td><td></td><td></td><td></td><td></td><td></td><td></td></tr>
<tr><td></td><td></td><td></td><td></td><td></td><td></td><td></td><td></td></tr>
<tr><td></td><td></td><td></td><td></td><td></td><td></td><td></td><td></td></tr>
<tr><td></td><td></td><td></td><td></td><td></td><td></td><td></td><td></td></tr>
<tr><td></td><td></td><td></td><td></td><td></td><td></td><td></td><td></td></tr>
<tr><td></td><td></td><td></td><td></td><td></td><td></td><td></td><td></td></tr>
<tr><td></td><td></td><td></td><td></td><td></td><td></td><td></td><td></td></tr>
<tr><td></td><td></td><td></td><td></td><td></td><td></td><td></td><td></td></tr>
<tr><td></td><td></td><td></td><td></td><td></td><td></td><td></td><td></td></tr>
</table>

调查人：（安全质量部职员）　　审核人：（项目经理）　　日期：　　年　月　日

表 1.4-65　劳务分承包方管理工作考核表

编号：××AQ04-65

工程项目名称：×××水保生态工程

劳务分承包项目：例：×××水保生态工程-紫花苜蓿种植

劳务分承包方企业名称：××劳务公司

序号	考核内容	评定标准			审核意见	考核人
1	工程质量	优良	合　格	不合格	例：不合格	（项目经理）
2	环境保护	很好	较　好	不　好	……	……
3	职业健康安全	达标	基本达标	不合格		
4	技能水平	达标	基本达标	不合格		
5	资格证书	达标	基本达标	不合格		
6	机具装备	达标	基本达标	不合格		
7	信誉及诚信	很好	较　好	不　好		
8	工程进度	提前	按　期	延　期		
9	文明施工	达标	基本达标	不合格		
项目部意见		（合格/不合格）				
主控部门综合审批意见		（合格/不合格）				

表 1.4-66　合格劳务分承包方名册

编号：××AQ04-66

序号	劳务分包方名称	公司所在地	资质等级及营业范围	联系人	联系方式
1	例：×××劳务公司	例：××省××市	例：××分包××级；××分包××级；水利电力	×××	×××××××××××
2	……	……	……	……	……

编制：（安全质量部职员）　　　　审核：（项目经理）　　　　日期：　　年　月　日

表 1.4-67　职业危害因素识别表

编号：××AQ04-67

序号	识别时间	识别部位	危害因素	危害程度	防范措施	备注
1	××××年×月×日	例：混凝土拌和站	例：粉尘	例：中度	例：发放劳动保护用品	（填写另需说明的相关内容）
2	……	……	……	……	……	……

注　本表编制依据：《中华人民共和国安全生产法》、《中华人民共和国职业病防治法》、《使用有毒物品作业场所劳动保护条例》、《建设工程安全生产管理条例》、《职业病危害因素分类目录》（国委疾控发（2015）92号）、《水利水电工程施工通用安全技术规程》（SL 398—2007）、《水利水电工程施工安全防护设施技术规范》（SL 714—2015）、《建筑施工企业职业病危害防治技术规范》（AQ/T 4256—2015）。

表 1.4-68　职业卫生防护设施台账

编号：××AQ04-68

序号	类别	设施设备名称	规格型号	数量	生产厂家	投使时间	使用部门	使用人	备注
1	例：消防设施	例：灭火器	例：4kg	例：20个	例：××消防公司	××××年×月×日	××部	×××	（填写另需说明的相关内容）
2	……	……	……	……	……	……	……	……	……

注　本表编制依据：《中华人民共和国安全生产法》、《中华人民共和国职业病防治法》、《使用有毒物品作业场所劳动保护条例》、《建设工程安全生产管理条例》、《职业病危害因素分类目录》（国委疾控发（2015）92号）、《水利水电工程施工通用安全技术规程》（SL 398—2007）、《水利水电工程施工安全防护设施技术规范》（SL 714—2015）、《建筑施工企业职业病危害防治技术规范》（AQ/T 4256—2015）。

表 1.4-69　工伤事故管理台账

编号：××AQ04-69

姓　名	工伤等级	工伤部位	工伤时间	认定时间	鉴定时间	工伤证号	备　注
×××	（1～10 级）	例：肘部	××××年×月×日	××××年×月×日	××××年×月×日	×××××××××	（填写另需说明的相关内容）
……	……	……	……	……	……	……	……

表 1.4-70　事故伤害报告

编号：××AQ04-70

<table>
<tr><td>单位名称</td><td>例：××公司</td><td>法定代表人或
主要负责人姓名</td><td>×××</td></tr>
<tr><td>单位性质</td><td>例：国有/私营企业</td><td>是否参加
工伤保险</td><td>是/否</td></tr>
<tr><td>单位地址</td><td>例：××省××市××县××号</td><td>邮政编码</td><td>例：130000</td></tr>
<tr><td>受伤害职工姓名</td><td>×××</td><td>参加工作时间</td><td>××××年×月×日</td></tr>
<tr><td>工种</td><td>例：架子工</td><td>用工形式</td><td>例：临聘人员</td></tr>
<tr><td>事故发生时间</td><td>×时×分</td><td>事故发生地点</td><td>例：××项目部</td></tr>
<tr><td>事故类型</td><td>例：物体打击</td><td>上报时间</td><td>××××年×月×日×时×分</td></tr>
<tr><td>伤害部位</td><td>例：四肢</td><td>伤害程度</td><td>例：轻度伤害</td></tr>
<tr><td>事故经过及意见</td><td colspan="3">例：事故经过：××××年×月×日×时×分，在高空作业时，由于工具零件的掉落，打击到×××四肢部位……

用人单位负责人签名：×××　（公章）
年　月　日</td></tr>
<tr><td>主管单位意见</td><td colspan="3">负责人签名：×××　（公章）
年　月　日</td></tr>
<tr><td>备注</td><td colspan="3">（填写另需说明的相关内容）</td></tr>
</table>

表 1.4-71 职业病危害项目申报表

编号：××AQ04-71

单位：（盖章）　　　　　　主要负责人：×××（签字）　　　　日期：　　年　月　日

<table>
<tr><td colspan="2">申报类别</td><td colspan="2">初次申报□　变更申报□</td><td>变更原因</td><td colspan="2">（见填表说明）</td></tr>
<tr><td colspan="2">单位注册地址</td><td colspan="2">例：××省××市××县××号</td><td>工作场所地址</td><td colspan="2">例：××省××市××县××号</td></tr>
<tr><td colspan="2" rowspan="2">企业规模</td><td colspan="2" rowspan="2">大□　中□　小□　微　□</td><td>行业分类</td><td colspan="2">例：水利行业</td></tr>
<tr><td>注册类型</td><td colspan="2">例：国有/私营企业</td></tr>
<tr><td colspan="2">法定代表人</td><td colspan="2">×××</td><td>联系电话</td><td colspan="2">例：×××××××××××</td></tr>
<tr><td colspan="2" rowspan="2">职业卫生
管理机构</td><td colspan="2" rowspan="2">有□　无□</td><td rowspan="2">职业卫生
管理人员数</td><td>专职</td><td>例：10 人</td></tr>
<tr><td>兼职</td><td>例：15 人</td></tr>
<tr><td colspan="2">劳动者总人数</td><td colspan="2">例：70 人</td><td>职业病累计人数</td><td colspan="2">例：10 人</td></tr>
<tr><td rowspan="5">职业病危害因素种类</td><td colspan="2">粉尘类　　　有□　无□</td><td>接触人数</td><td>例：2 人</td><td colspan="2" rowspan="5">接触职业病危害总人数：
例：10 人</td></tr>
<tr><td colspan="2">化学物质类　有□　无□</td><td>接触人数</td><td>……</td></tr>
<tr><td colspan="2">物理因素类　有□　无□</td><td>接触人数</td><td></td></tr>
<tr><td colspan="2">放射性物质类　有□　无□</td><td>接触人数</td><td></td></tr>
<tr><td colspan="2">其他　　　有□　无□</td><td>接触人数</td><td></td></tr>
<tr><td rowspan="8">职业病危害因素分布情况</td><td>作业场所名称</td><td>职业病危害因素名称</td><td>现场浓度（强度）</td><td>接触人数（可重复）</td><td colspan="2">接触人数（不重复）</td></tr>
<tr><td rowspan="2">（作业场所 1）</td><td>例：粉尘</td><td>例：强</td><td>例：2 人</td><td colspan="2" rowspan="2">例：2 人</td></tr>
<tr><td>……</td><td>……</td><td>……</td></tr>
<tr><td rowspan="2">（作业场所 2）</td><td>……</td><td>……</td><td>……</td><td colspan="2" rowspan="2">……</td></tr>
<tr><td></td><td></td><td></td></tr>
<tr><td rowspan="2">…</td><td></td><td></td><td></td><td colspan="2" rowspan="2"></td></tr>
<tr><td></td><td></td><td></td></tr>
<tr><td colspan="4">合计</td><td colspan="2">例：10 人</td></tr>
</table>

填报人：×××　　　　　　　　　　联系电话：×××××××××××

注　本表编制依据：《中华人民共和国职业病防治法》、《职业病危害项目申报办法》（安监总局令第 48 号）。

填 表 说 明

1.【申报类别】是指第一次申报还是变更申报。如是变更申报，需要填写【变更原因】。

2.【变更原因】按《职业病危害项目申报办法》第八条的内容简要填写。

3.【单位注册地址】指单位工商注册的地址。

表 1.4-72　有毒、有害作业场所检测记录

编号：××AQ04-72

单位（项目）：例：××工程　　　　日期：　　年　月　日

序号	场所名称	毒、害物质	接触人数	检测日期	检测结果	告知牌设置数	主要预防措施	检测周期	备注
1	例：拌和楼	例：粉尘	例：3人	××××年×月×日	合格/不合格	例：2个	例：发放劳动保护用品	例：1次/周	（填写另需说明的相关内容）
2	……	……	……	……	……	……	……	……	……

注　1. 本表一式__份，由施工单位填写，用于归档和备查。施工单位、监理机构各 1 份。

2. 本表编制依据：《中华人民共和国职业病防治法》、《使用有毒物品作业场所劳动保护条例》、《用人单位职业健康监督管理办法》（安监总局令第 49 号）、《建筑行业职业病危害预防控制规范》（GBZ/T 211—2008）、《水利水电工程施工通用安全技术规程》（SL 398—2007）、《建筑施工企业职业病危害防治技术规范》（AQ/T 4256—2015）。

表 1.4-73　职业卫生防护设施检测记录

编号：××AQ04-73

序号	设施设备名称	功能类别	规格型号	生产厂家	检测日期	使用状态	使用部门
1	例：手提式干粉灭火器	例：防火	例：4kg	例：××消防公司	×××	正常使用/停用	例：物业管理部
2	……	……	……	……	……	……	……

注　本表编制依据：《中华人民共和国职业病防治法》、《使用有毒物品作业场所劳动保护条例》、《用人单位职业健康监督管理办法》（安监总局令第 49 号）、《建筑行业职业病危害预防控制规范》（GBZ/T 211—2008）、《水利水电工程施工通用安全技术规程》（SL 398—2007）、《建筑施工企业职业病危害防治技术规范》（AQ/T 4256—2015）。

表 1.4-74　劳动防护用品发放台账

编号：××AQ04-74

项目名称：例：××工程段

序号	姓名	工种、管理人员	工作部门	护品名称	规格型号	数量	发放日期	领用人签字
1	×××	例：电工	例：施工班组	例：绝缘手套		2 双	××××年×月×日	×××
2	……	……	……	……	……	……	……	……

注　本表编制依据：《中华人民共和国安全生产法》、《中华人民共和国职业病防治法》、《使用有毒物品作业场所劳动保护条例》、《建设工程安全生产管理条例》、《职业病危害因素分类目录》（国委疾控发（2015）92 号）、《水利水电工程施工通用安全技术规程》（SL 398—2007）、《水利水电工程施工安全防护设施技术规范》（SL 714—2015）、《建筑施工企业职业病危害防治技术规范》（AQ/T 4256—2015）。

表 1.4-75　劳动防护用品采购登记台账

编号：××AQ04-75

项目名称：××工程段

序号	采购日期	名称	数量	采购人	备　注
1	××××年×月×日	例：安全帽	例：30 个	×××	（填写另需说明的相关内容）
2	……	……	……	……	……

填表人：　　　　　　　　　　　　　　　　　　　　　　　　填表日期：　　年　月　日

注　本表编制依据：《中华人民共和国安全生产法》、《中华人民共和国职业病防治法》、《使用有毒物品作业场所劳动保护条例》、《建设工程安全生产管理条例》、《职业病危害因素分类目录》（国委疾控发（2015）92 号）、《水利水电工程施工通用安全技术规程》（SL 398—2007）、《水利水电工程施工安全防护设施技术规范》（SL 714—2015）、《建筑施工企业职业病危害防治技术规范》（AQ/T 4256—2015）。

表 1.4-76　劳动防护用品定期校验和维护记录

编号：××AQ04-76

项目名称：××工程段　　　　　　　　　　　　　　　　年　月　日

序号	姓名	防护用品类别			检查结果		确认签字
		安全帽	安全带	其他（请注明）	合　格	更　换	
1	×××	√			√		×××
2	……	……	……	……	……	……	……

注　本表编制依据：《中华人民共和国安全生产法》、《中华人民共和国职业病防治法》、《使用有毒物品作业场所劳动保护条例》、《建设工程安全生产管理条例》、《职业病危害因素分类目录》（国委疾控发〔2015〕92号）、《水利水电工程施工通用安全技术规程》（SL 398—2007）、《水利水电工程施工安全防护设施技术规范》（SL 714—2015）、《建筑施工企业职业病危害防治技术规范》（AQ/T 4256—2015）。

表 1.4-77 工伤保险台账

编号：××AQ04-77

序号	姓名	身份证号	投保险种	投保金额	保险起止时间
1	×××	例： 22010×××××××××××××	例：意外险	例：1000 元/年	××××年×月×日至××××年×月×日
2	……	……	……	……	……

注 本表编制依据：《中华人民共和国安全生产法》、《中华人民共和国建筑法》、《建设工程安全生产管理条例》、《工伤保险条例》、《人社部 交通部 能源局 铁路局 民航局关于铁路、公路、水运、水利、能源、机场工程建设项目参加保险工作的通知》（人社部发（2018）3 号）。

表 1.4-78　意外保险人员信息统计

编号：××AQ04-78

序号	姓名	身份证号	岗位	投保金额	保费	保险起止时间	投保险种	保险公司
1	×××	例：22010××××××××××××	例：财务部	例：500000 元	例：1000 元/年	××××年×月×日至××××年×月×日	例：意外险	例：××保险公司
2	……	……	……	……	……	……	……	……

注　本表编制依据：《中华人民共和国安全生产法》、《中华人民共和国建筑法》、《建设工程安全生产管理条例》、《工伤保险条例》、《人社部 交通部 能源局 铁路局 民航局关于铁路、公路、水运、水利、能源、机场工程建设项目参加保险工作的通知》（人社部发〔2018〕3 号）。

五、安全风险管控及隐患排查治理

表 1.5-1　危险源辨识评价记录

编号：××AQ05-01

单位（项目部）：例：职工食堂

作业活动	危险源	可导致的事故	作业条件危险性评价：*D*=*LEC*				危险源等级	备注
			发生事故的可能性（*L*）	暴露危险环境的频率（*E*）	危险严重程度（*C*）	危险性大小（*D*）		
例：食堂加工	例：石油液化气罐	例：爆炸	例：3	例：3	例：7	例：63	例：四级重大危险源	（填写另需说明的相关内容）
……	……	……	……	……	……	……	……	……

审批：（安全质量部职员）　　　　编制：（安全质量部部长）

注　本表编制依据：《中华人民共和国安全生产法》、《水利水电工程施工安全管理导则》（SL 721—2015）、《危险化学品重大危险源辨识》（GB 18218—2009）。

表 1.5-2 重大危险源清单

编号：××AQ05-02

单位（项目部）：例：公司职工食堂

序号	作业活动	危险源	可导致的事故	危险源等级	控制措施	备注
1	例：食堂加工	例：石油液化气罐	例：爆炸	例：四级重大危险源	例：实时监控	（填写另需说明的相关内容）
2	……	……	……	……	……	……

审批：（安全质量部/安全质量部部长） 编制：（安全质量部/安全质量部职员）

注 本表编制依据：《中华人民共和国安全生产法》、《水利水电工程施工安全管理导则》（SL 721—2015）、《危险化学品重大危险源辨识》（GB 18218—2009）。

表 1.5-3　重大危险源动态监控记录

编号：××AQ05-03

单位（项目部）：例：公司职工食堂

危险源名称		例：石油液化气罐		危险源地点			例：职工食堂
风险级别		例：一般风险		责任人			×××
可能存在的主要危险因素		例：爆炸					
预防措施		例：实时监控，隔离储藏，对破损的液化气罐及时做报废处理					
动态监控情况							
序号	监控日期	存在问题及整改建议	总体受控状况			监控人	
			失控	受控	良好		
1	××××年×月×日	例：建议有专门的储藏室隔离存放		例：√		安全质量部职员	
2	……	……	……	……	……	……	

注　1. 本表由项目部填写，用于重大危险源的动态监控。

2. 本表编制依据：《中华人民共和国安全生产法》、《水利水电工程施工安全管理导则》（SL 721—2015）、《危险化学品重大危险源辨识》（GB 18218—2009）。

表 1.5-4　重大危险源监控情况汇总

编号：××AQ05-04

单位（项目部）：例：公司职工食堂

序号	重大危险源	责任部门	责任人	实施/监督时间	受控状况			监控措施
					失控	受控	良好	
1	例：石油液化气罐	例：物业公司	×××	例：实时		例：√		例：加强监护、实时监管、如遇过期损坏，及时更换
2	……	……	……	……	……	……	……	……

注　1. 本表由职能部门或项目部填写。

2. 本表编制依据：《中华人民共和国安全生产法》、《水利水电工程施工安全管理导则》（SL 721—2015）、《危险化学品重大危险源辨识》（GB 18218—2009）。

表 1.5-5　施工现场重大危险源申报表

编号：××AQ05-05

合同名称：

<table>
<tr><td>致：××××项目监理部
我方今提交例：<u>××</u>工程的重大危险源辨识相关资料，主要包含有：
口重大危险源辨识情况一览表
口重大危险源管理方案
口重大危险源安全措施
请贵方审批。

承 包 人：例：××公司
项目经理：×××
日　　期：　　年　月　日</td></tr>
<tr><td>监理机构审核意见。
（同意/不同意）

监理机构：例：××公司
签 收 人：×××
日　　期：　　年　月　日</td></tr>
<tr><td>业主单位审核意见。
（同意/不同意）

业主单位：例：××公司
签 收 人：×××
日　　期：　　年　月　日</td></tr>
</table>

注　1. 由项目部填写，报监理机构审签。

2. 本表编制依据：《中华人民共和国安全生产法》、《水利水电工程施工安全管理导则》（SL 721—2015）、《危险化学品重大危险源辨识》（GB 18218—2009）。

表 1.5-6　重大危险源/控制措施/管理方案评审表

编号：××AQ05-06

单位（项目部）：例：××工程

<table>
<tr><td>工程名称</td><td colspan="3">例：××工程</td></tr>
<tr><td>评审单位
（项目部）</td><td colspan="3">例：××工程项目部</td></tr>
<tr><td>评审地点</td><td>例：项目部会议室</td><td>评审日期</td><td>××××年×月×日</td></tr>
<tr><td>评审类别
（√）</td><td colspan="3">重大危险源□　　控制措施□　　管理方案□</td></tr>
<tr><td>评审人员
（签字）</td><td colspan="3">（依照实际评审人员签字）</td></tr>
<tr><td>评审意见</td><td colspan="3">（同意/不同意）</td></tr>
<tr><td>批准实施意见</td><td colspan="3">批准单位：例：××公司

批 准 人：×××</td></tr>
</table>

注　1. 本表由职能部门或项目部填写。

2. 本表编制依据：《中华人民共和国安全生产法》、《水利水电工程施工安全管理导则》（SL 721—2015）、《危险化学品重大危险源辨识》（GB 18218—2009）。

表 1.5-7　安全检查及隐患排查记录

编号：××AQ05-07

单位（项目部）：例：公司办公楼、食堂、车库、……/××工程

检查（排查）类型	例：节前安全检查/日常安全检查/……	检查（排查）时间	××××年×月×日
被检查单位	例：公司办公楼、食堂、车库、……/××工程	被检查单位负责人	（公司物业部部长/项目经理）
检查表名称	□综合检查表□专项检查表		

存在的隐患	分析评估	整改意见
例：公司食堂操作间灯线杂乱	一般隐患□　重大隐患□	立即整改□ 开具书面整改通知书□ 制定隐患治理方案□
例：项目部未在用电箱附近设置警示标志	一般隐患□　重大隐患□	立即整改□ 开具书面整改通知书□ 制定隐患治理方案□
例：……	一般隐患□　重大隐患□	立即整改□ 开具书面整改通知书□ 制定隐患治理方案□
	一般隐患□　重大隐患□	立即整改□ 开具书面整改通知书□ 制定隐患治理方案□
	一般隐患□　重大隐患□	立即整改□ 开具书面整改通知书□ 制定隐患治理方案□
	一般隐患□　重大隐患□	立即整改□ 开具书面整改通知书□ 制定隐患治理方案□
	一般隐患□　重大隐患□	立即整改□ 开具书面整改通知书□ 制定隐患治理方案□
	一般隐患□　重大隐患□	立即整改□ 开具书面整改通知书□ 制定隐患治理方案□
	一般隐患□　重大隐患□	立即整改□ 开具书面整改通知书□ 制定隐患治理方案□
	一般隐患□　重大隐患□	立即整改□ 开具书面整改通知书□ 制定隐患治理方案□
检查人员： （依据实际检查人员填写）		

注　1. 本表由职能部门或项目部填写，用于各类各级安全检查和隐患排查。本表与各类检查表、隐患整改通知单和安全隐患整改反馈单配套使用。

2. 本表编制依据：《中华人民共和国安全生产法》、《安全生产事故隐患排查治理暂行规定》（安监总局令第 16 号）、《水利工程生产安全重大事故隐患判定标准（试行）》（水安监〔2017〕344 号）、《关于进一步加强水利安全生产事故隐患排查治理工作的意见》（水安监〔2017〕409 号）、《水利水电工程施工安全管理导则》（SL 721—2015）。

表 1.5-8　安全员日检记录

编号：××AQ05-08

单位（项目部）：××工程

××××年 × 月 × 日	天气（　例：晴　）　气温（例：12℃）　风力（例：偏北风 1～2）级
施工内容、部位：例：闸混凝土施工、水闸工程；……	
安全资料：例：已填写	
脚手架：例：已检查，未发现任何问题	
模板：例：已检查，未发现任何问题	
基坑支护：例：已检查，未发现任何问题	
“三宝”“四口”“五临边”防护：例：已检查，未发现任何问题	
安全警示标志：例：已检查，未发现任何问题	
消防设施：例：已检查，未发现任何问题	
施工用电：例：已检查，未发现任何问题	
施工机具：例：已检查，未发现任何问题	
起重设备：例：已检查，未发现任何问题	
易燃、易爆物品：例：已检查，未发现任何问题	
劳动保护用品：例：已检查，发现有两个安全帽出现破损	

注　本表编制依据：《中华人民共和国安全生产法》、《安全生产事故隐患排查治理暂行规定》（安监总局令第 16 号）、《水利工程生产安全重大事故隐患判定标准（试行）》（水安监〔2017〕344 号）、《关于进一步加强水利安全生产事故隐患排查治理工作的意见》（水安监〔2017〕409 号）、《水利水电工程施工安全管理导则》（SL 721—2015）。

表 1.5-9　施工现场月检记录

编号：××AQ05-09

单位（项目部）：××工程

项目部	××工程	时　间	××××年×月×日
检查项目	检查内容	存在问题	整改措施
内业资料	与各岗位签订责任状	例：未与各岗位签订责任状	例：立即签订，并对各岗位开展安全教育
	进场教育，新员工项目部级、班组级教育，经常性教育	……	……
	特种作业持证上岗		
	分部分项工程安全技术措施，专项施工方案及审批		
	危险源识别清单、重大危险源清单		
	法律法规和其他要求清单		
	管理方的编制、交底，实施情况监督		
	目标的制定和半年度考核		
	生产安全事故应急救援预案和专项应急预案的编制及学习、培训和演练		
	起重设备、塔吊、脚手架搭设、基坑支护、模板支立、施工机具的验收资料		
	各项规章制度的编制及实施		
现场管理	安全帽、安全带的正确使用，安全网的挂设。“四口、五临边”的防护		
	临时用电“三相五线制”“一机、一闸、一箱、一漏”		
	施工机具安全防护装置、用电设备保护接零		
	现场安全警示标志配置		
	易燃、易爆物品堆放、保管和使用		
	脚手架的搭设和拆除		
	基坑支护		
	模板支立		
	塔吊、起重吊装的保险装置		
	消防设施的配置		
其他			

项目经理	×××	技术负责人	×××	生产经理：×××	
质检员	×××	施工员	×××	安全员	×××
班组长	×××				

注　本表编制依据：《中华人民共和国安全生产法》、《安全生产事故隐患排查治理暂行规定》（安监总局令第 16 号）、《水利工程生产安全重大事故隐患判定标准（试行）》（水安监〔2017〕344 号）、《关于进一步加强水利安全生产事故隐患排查治理工作的意见》（水安监〔2017〕409 号）、《水利水电工程施工安全管理导则》（SL 721—2015）。

表 1.5-10　施工现场检查记录

编号：××AQ05-10

单位（项目部）：例：××工程　　　检查时间：　　年　月　日

检查项目	检　查　细　则	发现问题及整改情况
安全制度 目标管理	现场有无安全责任制、安全制度、技术规程	例：此项无问题
	有无项目安全管理目标、安全标志布置	
	施工组织设计有无危险排查及控制措施	
	检查安全交底、安全检查制度及记录	
	三宝四口五临边防护情况	
	脚手架搭设及验收是否符合规范	
	安全三级教育、变工种是否进行安全教育	
施工机具 施工用电 现场消防	现场消防制度、消防器材布置是否合理	例： 项目现场临时用电配电箱未上锁； 作业人员已对临时用电配电箱上锁
	现场动火有无审批手续	
	临时用电配电箱是否上锁、有无防雨棚	
	用电有无插头、有无私拉乱接现象	
	机具有无防护罩、手持电动工具防护措施	
	消防布置图、特种作业是否持证上岗	
环境管理 目标制度	有无环境管理目标、制度	……
	施工组织设计有无环境排查及控制措施	
	施工地面硬化情况、地面有无积水	
	工地禁止吸烟现象	
	建筑垃圾分类堆码、油漆废品处理制度	
	现场环保员职责及落实情况	
废水噪声 粉尘节约	有无防粉尘、噪声的措施	
	有无焚烧有毒有害物质的现象	
	废水排放是否符合国家地方标准	
	节约用水、用电、用纸情况	
文明施工	是否有现场平面布置图	
	现场材料堆码整齐与否、标识是否清楚	
	临设是否整齐、清洁	
	施工广告牌是否齐全（一图五牌）	
	现场是否工完场清	
	有无施工扰民控制措施	
质量控制	施工组织设计、图纸会审、技术交底是否齐全	
	质量目标是否明确	
	班组自检、交接检记录情况	
	特殊过程（混凝土、焊接、防水）的控制从人员、机械、材料、方法、环境控制记录	
	施工技术资料与进度是否相符	
	现场认证资料收集落实情况	
其　他		
检查人	×××	项目经理　×××

注　本表编制依据：《中华人民共和国安全生产法》、《安全生产事故隐患排查治理暂行规定》（安监总局令第 16 号）、《水利工程生产安全重大事故隐患判定标准（试行）》（水安监〔2017〕344 号）、《关于进一步加强水利安全生产事故隐患排查治理工作的意见》（水安监〔2017〕409 号）、《水利水电工程施工安全管理导则》（SL 721—2015）。

表 1.5-11　春季安全检查记录

编号：××AQ05-11

单位（项目部）：例：××工程

序号	检查内容	检 查 标 准	检查方法	检查结果
1	避雷设施	防雷装置完好，接闪器无损坏，引下线焊接可靠，接地电阻应低于 30Ω	现场检查	是□　否□
2		防雷设施是否经过了防雷检测中心的检测	现场检查	是□　否□
3	防静电设施	各接地装置的电阻检测合格	现场检查	是□　否□
		接地装置的连接必须保证电气接触可靠。有足够的机械强度，并能防腐蚀，防损伤或者有附加措施		
		建筑物、构筑物的防雷应有防反击、侧击等技术措施，与道路或建筑物的出入口有防止跨步电压触电的措施；线路应有防雷电侵入的技术措施		
4	解冻的管道	管道是否有跑、冒、滴、漏的现象	现场检查	是□　否□
5		管道的色标是否脱落，满足标准要求	现场检查	是□　否□
6		管道是否有腐蚀现象	现场检查	是□　否□
7	消防安全设备设施	灭火器、消火栓等消防设施是否完好	现场检查	是□　否□
8		安全防护、信号保险装置是否齐全、灵敏、可靠，保持设备润滑及通风良好	现场检查	是□　否□
9		消防车通道、安全疏散通道、安全出口布置合理、通畅	现场检查和检测报告	是□　否□
10	仓库	库内温度是否在规定范围内	现场检查	是□　否□
11		根据商品大类、性能、养护要求、消防要求等因素分区分类存放	现场检查	是□　否□
12	异常情况处理	有无异常情况，处理是否得当	现场检查	是□　否□
检查的意见及建议： 例：1.建议设置固定的灭火器摆放位置，以便事故发生时能快速准确找到 2. ……				
检查人员	（公司安全质量部部长及职员）	检查时间	××××年×月×日	

注　本表编制依据：《中华人民共和国安全生产法》、《安全生产事故隐患排查治理暂行规定》（安监总局令第 16 号）、《水利工程生产安全重大事故隐患判定标准（试行）》（水安监〔2017〕344 号）、《关于进一步加强水利安全生产事故隐患排查治理工作的意见》（水安监〔2017〕409 号）、《水利水电工程施工安全管理导则》（SL 721—2015）。

表 1.5-12　夏季安全检查记录

编号：××AQ05-12

单位（项目部）：例：××工程

序号	检查内容	检 查 标 准	检查方法	检查结果
1	防暑	应配备充足的防暑降温物资	现场检查	是□　否□
2		尽量避开高温时段高强度作业	现场检查	是□　否□
3		加强生产现场的通风、降温工作	现场检查	是□　否□
4		作业现场有无明火作业，作业是否进行审批，有无违规行为	现场检查	是□　否□
5	防洪防汛	是否建立防洪防汛工作领导小组，落实工作职责	查制度	是□　否□
6		是否制定防洪防汛应急预案，并进行演练	查记录	是□　否□
7		是否对员工进行宣传教育	查记录	是□　否□
8		是否制定防汛值班制度，明确值班人员及其职责	查记录	是□　否□
9		是否有符合要求的防汛物资，并设立防汛仓库	现场检查	是□　否□
10		是否对施工现场易积水部位进行排查，并采取措施	现场检查	是□　否□
11		生活区及现场排水通道是否畅通	现场检查	是□　否□
12	防雷电	各种防雷装置是否完好	现场检查	是□　否□
13	异常情况处理	有无异常情况，处理是否得当	现场检查	是□　否□
检查的意见及建议： 例：1. 建议设置固定的灭火器摆放位置，以便事故发生时能快速准确找到； 2. ……				
检查人员	（公司安全质量部部长及职员）		检查时间	××××年×月×日

注　本表编制依据：《中华人民共和国安全生产法》、《安全生产事故隐患排查治理暂行规定》（安监总局令第 16 号）、《水利工程生产安全重大事故隐患判定标准（试行）》（水安监〔2017〕344 号）、《关于进一步加强水利安全生产事故隐患排查治理工作的意见》（水安监〔2017〕409 号）、《水利水电工程施工安全管理导则》（SL 721—2015）。

表 1.5-13　秋季安全检查记录

编号：××AQ05-13

单位（项目部）：例：××工程

序号	检查内容	检 查 标 准	检查方法	检查结果
1	防火	灭火器、消火栓等消防设施是否完好	现场检查	是□　否□
2		安全防护、信号保险装置是否齐全、灵敏、可靠，保持设备润滑及通风良好	现场检查	是□　否□
3		消防车通道、安全疏散通道、安全出口布置合理、通畅	现场检查	是□　否□
4		木工加工场堆积的易燃品是否按要求处理	现场检查	是□　否□
5		是否存在现场使用明火现象	现场检查	是□　否□
6	防冻、保温	保温材料是否符合要求	现场检查	是□　否□
7		相关设施是否有保温措施	现场检查	是□　否□
8		个人防护用品是否充足、完好	现场检查	是□　否□
9	防爆	相关场所电器、照明等设备是否符合防爆要求	现场检查	是□　否□
10	异常情况处理	有无异常情况，处理是否得当	现场检查	是□　否□
检查的意见及建议： 例：1. 建议设置固定的灭火器摆放位置，以便事故发生时能快速准确找到； 2. ……				
检查人员	（公司安全质量部部长及职员）		检查时间	××××年×月×日

注　本表编制依据：《中华人民共和国安全生产法》、《安全生产事故隐患排查治理暂行规定》（安监总局令第 16 号）、《水利工程生产安全重大事故隐患判定标准（试行）》（水安监〔2017〕344 号）、《关于进一步加强水利安全生产事故隐患排查治理工作的意见》（水安监〔2017〕409 号）、《水利水电工程施工安全管理导则》（SL 721—2015）。

表 1.5-14　冬季安全检查记录

编号：××AQ05-14

单位：例：××工程项目部

序号	检查项目	检 查 内 容	检查方法	检查结果
1	室外设施（管线、阀门等）	防冻措施是否实施，保温设施齐全有效	现场检查	是□　否□
2	房屋	是否渗漏，门窗是否完好	现场检查	是□　否□
3	运行及停运机组、设备或系统	防冻防寒措施是否齐全并落实。做好换季保养，使用适合冬季气候特点的柴油、润滑油和冷却液。	现场检查	是□　否□
4	车辆	车辆防寒、防冻、防滑措施是否到位，保温系统是否有效	现场检查	是□　否□
5	人员	作业人员穿戴情况是否符合冬季使用的劳保用品（棉衣、棉帽、棉手套、防寒靴等）标准	现场检查	是□　否□
6	消防组织、规章制度与消防安全责任制	组织、制度是否健全；消防安全责任制是否落实到个人	查制度、查台账	是□　否□
7	消防器材	完好、充足、定期试验（包括消防用水系统是完好），存放地点是否合适，周围是否有其他物品遮挡	现场检查	是□　否□
8	仓库管理情况	是否严格管理，存放场所符合要求并标识	现场检查	是□　否□
9	禁火区域作业	是否存在违规使用明火现场	现场检查	是□　否□
10	值班室、库房、生产岗位	防火措施是否齐全，电气线路、刀闸、开关等是否整齐无老化，无乱接、乱拉临时线路现象	现场检查	是□　否□
11	生产场所	地面、工作面是否清洁干净、无油污、无积水、无积冰	现场检查	是□　否□
12	员工宿舍	严禁使用电炉子（或煤气灶）取暖、做饭或使用其他大功率取暖设备	现场检查	是□　否□
13	特殊工种持证与劳保护具	劳保护具是否齐全，人员是否持证上岗	现场检查	是□　否□
14	异常情况处理	有无异常情况，处理是否得当	现场检查	是□　否□
检查的意见及建议： 例：1. 建议设置固定的灭火器摆放位置，以便事故发生时能快速准确找到； 2. ……				
检查人员	（公司安全质量部部长及职员）		检查时间	××××年×月×日

注　本表编制依据：《中华人民共和国安全生产法》、《安全生产事故隐患排查治理暂行规定》（安监总局令第 16 号）、《水利工程生产安全重大事故隐患判定标准（试行）》（水安监〔2017〕344 号）、《关于进一步加强水利安全生产事故隐患排查治理工作的意见》（水安监〔2017〕409 号）、《水利水电工程施工安全管理导则》（SL 721—2015）。

表 1.5-15　节假日安全检查记录

编号：××AQ05-15

单位：例：公司机关/××工程项目部

<table>
<tr><td colspan="2">检查时间</td><td>××××年×月×日</td><td>检查部门</td><td>例：公司安全质量部</td><td>被检查部门/人员（签字）</td><td>（部门负责人/项目经理）</td></tr>
<tr><td colspan="2">检查人员（签字）：</td><td colspan="5">（公司安全质量部部长及职员）</td></tr>
<tr><td>序号</td><td>检查项目</td><td colspan="3">检查内容</td><td>检查结果</td><td>备注</td></tr>
<tr><td>1</td><td rowspan="3">生产物资准备</td><td colspan="3">节假日期间所用原料做好准备，保证生产使用，物品是否分类、分开、分库存放</td><td>是□ 否□</td><td>（填写另需说明的相关内容）</td></tr>
<tr><td>2</td><td colspan="3">节假日期间所用辅料做好准备，保证生产使用，物料摆放是否整齐、合理</td><td>是□ 否□</td><td>……</td></tr>
<tr><td>3</td><td colspan="3">节假日期间备品准备情况是否满足工程需要</td><td>是□ 否□</td><td></td></tr>
<tr><td>4</td><td rowspan="2">危险物品存放</td><td colspan="3">易燃、易爆物品的存放保管是否满足要求</td><td>是□ 否□</td><td></td></tr>
<tr><td>5</td><td colspan="3">贮存易燃、可燃、易爆物料罐区的防火、防雷和安全保卫情况是否满足要求</td><td>是□ 否□</td><td></td></tr>
<tr><td>6</td><td rowspan="3">应急预案准备</td><td colspan="3">是否相关应急预案或应急程序</td><td>是□ 否□</td><td></td></tr>
<tr><td>7</td><td colspan="3">人员是否了解相关应急预案、处置方案内容</td><td>是□ 否□</td><td></td></tr>
<tr><td>8</td><td colspan="3">应急救援器材是否完好备用</td><td>是□ 否□</td><td></td></tr>
<tr><td>9</td><td rowspan="4">消防</td><td colspan="3">消防设施是否完好备用（包括消防水系统）</td><td>是□ 否□</td><td></td></tr>
<tr><td>10</td><td colspan="3">是否按规定设置消防器材并保证完好备用</td><td>是□ 否□</td><td></td></tr>
<tr><td>11</td><td colspan="3">是否按要求禁止埋压、圈占、遮挡消火栓或者占用防火间</td><td>是□ 否□</td><td></td></tr>
<tr><td>12</td><td colspan="3">是否按要求禁止占用、堵塞、封闭疏散通道、安全出口和消防通道</td><td>是□ 否□</td><td></td></tr>
<tr><td>13</td><td rowspan="4">保卫安全</td><td colspan="3">节假日值班人员是否按要求落实</td><td>是□ 否□</td><td></td></tr>
<tr><td>14</td><td colspan="3">各类设备的安全运行以及隐患整改情况是否符合要求</td><td>是□ 否□</td><td></td></tr>
<tr><td>15</td><td colspan="3">假日生产安全措施的安排落实情况是否满足要求</td><td>是□ 否□</td><td></td></tr>
<tr><td>16</td><td colspan="3">劳动纪律、操作规程的执行以及节前安全教育情况是否满足要求</td><td>是□ 否□</td><td></td></tr>
</table>

注　本表编制依据：《中华人民共和国安全生产法》、《安全生产事故隐患排查治理暂行规定》（安监总局令第 16 号）、《水利工程生产安全重大事故隐患判定标准（试行）》（水安监〔2017〕344 号）、《关于进一步加强水利安全生产事故隐患排查治理工作的意见》（水安监〔2017〕409 号）、《水利水电工程施工安全管理导则》（SL 721—2015）。

表 1.5-16　隐患整改通知单

第（001）号

编号：××AQ05-16

单位（项目部）：例：××工程

<table>
<tr><td>排查单位
或人员</td><td colspan="2">例：公司安全生产综合小组/专项检查组</td><td>排查时间</td><td>××××年×月×日</td></tr>
<tr><td>接受单位
（项目部）</td><td>例：××工程</td><td>接受人</td><td colspan="2">（项目经理）</td></tr>
<tr><td>排查类别</td><td>（综合排查/专项排查）</td><td>评估等级</td><td colspan="2">（一般/重大事故隐患）</td></tr>
<tr><td colspan="5">公司安全生产领导小组于______年____月____日，组织相关人员对××工程进行安全隐患检查，经检查发现你单位（项目部）存在安全隐患如下：

1. 现场安全警示标志不全。
2. 责任状未覆盖到班组或个人。
3. ……

请贵单位（项目部）于______年____月____日前整改完毕，并将整改情况函告公司检查组进行复查</td></tr>
</table>

注　1. 本表由职能部门或项目部填写，用于各级安全检查和隐患间排查。排查类别是指专项检查、综合检查、日常检查、季节性检查、节假日检查等。评估等级是指一般隐患和重大隐患。

2. 本表编制依据：《中华人民共和国安全生产法》、《安全生产事故隐患排查治理暂行规定》（安监总局令第 16 号）、《水利工程生产安全重大事故隐患判定标准（试行）》（水安监〔2017〕344 号）、《关于进一步加强水利安全生产事故隐患排查治理工作的意见》（水安监〔2017〕409 号）、《水利水电工程施工安全管理导则》（SL 721—2015）。

表 1.5-17　安全隐患整改反馈单

编号：××AQ05-17

单位：例：××工程项目部

<table>
<tr><td>
公司检查组：××公司
根据××××年××月××日第（001）号整改通知书面要求，现将落实整改情况汇报如下：

例：
1. 已根据项目实际在现场安全隐患部位设置相应的安全警示标志。
2. 已根据各部门人员职责逐级签订安全生产目标责任书。
3. ……

附相关整改照片____张

整改责任人：（项目经理）

年　月　日
</td></tr>
</table>

注　1.本表由隐患单位填写，用于隐患整改反馈。

2.本表编制依据：《中华人民共和国安全生产法》、《安全生产事故隐患排查治理暂行规定》（安监总局令第 16 号）、《水利工程生产安全重大事故隐患判定标准（试行）》（水安监〔2017〕344 号）、《关于进一步加强水利安全生产事故隐患排查治理工作的意见》（水安监〔2017〕409 号）、《水利水电工程施工安全管理导则》（SL 721—2015）。

表 1.5-18　隐患汇总登记台账（第__季度）

编号：××AQ05-18

单位（项目部）：例：××工程

序号	排查时间	检查类型	排查负责人	安全隐患情况简述	隐患级别	整改通知单号	隐患所在单位	处理情况	复查人
1	×××× 年 × 月×日	（综合检查/转项检查）	例：检查组组长	例：1. 现场安全警示标志不全。 2. 责任状未覆盖到班组或个人。 3. ……	（一般事故隐患/重大事故隐患）	例：001	例：××项目部现场/仓库	（已处理/未处理）	（安全质量部职员）
2	……	……	……	……	……	……	……	……	……

填表人：（安全质量部职员）　　　　　　　　　　审核人：（项目经理）

注　本表编制依据：《中华人民共和国安全生产法》、《安全生产事故隐患排查治理暂行规定》（安监总局令第 16 号）、《水利工程生产安全重大事故隐患判定标准（试行）》（水安监〔2017〕344 号）、《关于进一步加强水利安全生产事故隐患排查治理工作的意见》（水安监〔2017〕409 号）、《水利水电工程施工安全管理导则》（SL 721—2015）。

表 1.5-19 生产安全事故隐患排查治理情况____季度统计分析表

编号：××AQ05-19

单位（项目部）：例：______工程

季度	一般事故隐患				重大事故隐患										
									未整改的重大事故隐患列入治理计划						
	隐患排查数/项	已整改数/项	整改率/%	整改投入资金/元	隐患排查数/项	已整改数/项	整改率/%	整改投入资金/元	计划整改数/项	落实目标任务/项	落实经费物资/项	落实机构人员/项	落实整改期限/项	落实应急措施/项	落实整改资金/元
××季度	例：10	例：10	例：100%	例：100000	例：6	例：3	例：50%	例：200000	例：3	例：2	例：3	例：3	例：2	例：1	例：1

事故隐患排查治理情况分析：

例：本季度项目部着重对施工现场情况进行了安全隐患排查，共检查出 10 项问题，主要问题是安全警示标识设置不足、施工人员未佩戴安全帽等。经过整改，全部达到整改要求。（必须依照实际情况填写）

主要的应急、防范措施：

例：本季度项目部主要的应、防范措施有开展××应急救援演练、配备完整应急救援设备设施……，应急、防范措施基本做到全覆盖。

填表人：（安全质量部职员）　　　　填表日期：　　年　月　日

注　本表编制依据：《中华人民共和国安全生产法》、《安全生产事故隐患排查治理暂行规定》（安监总局令第 16 号）、《水利工程生产安全重大事故隐患判定标准（试行）》（水安监〔2017〕344 号）、《关于进一步加强水利安全生产事故隐患排查治理工作的意见》（水安监〔2017〕409 号）、《水利水电工程施工安全管理导则》（SL 721—2015）。

表 1.5-20　生产安全事故隐患排查治理情况________年度统计分析表

编号：××AQ05-20

单位（项目部）：例：××工程

<table>
<tr><td rowspan="3">年度</td><td colspan="4">一般事故隐患</td><td colspan="11">重大事故隐患</td></tr>
<tr><td rowspan="2">隐患排查数/项</td><td rowspan="2">已整改数/项</td><td rowspan="2">整改率/%</td><td rowspan="2">整改投入资金/元</td><td rowspan="2">隐患排查数/项</td><td rowspan="2">已整改数/项</td><td rowspan="2">整改率/%</td><td rowspan="2">整改投入资金/元</td><td colspan="7">未整改的重大事故隐患列入治理计划</td></tr>
<tr><td>计划整改数/项</td><td>落实目标任务/项</td><td>落实经费物资/项</td><td>落实机构人员/项</td><td>落实整改期限/项</td><td>落实应急措施/项</td><td>落实整改资金/元</td></tr>
<tr><td>××年度</td><td>例：20</td><td>例：20</td><td>例：100%</td><td>例：200000</td><td>例：12</td><td>例：6</td><td>例：50%</td><td>例：500000</td><td>例：6</td><td>例：4</td><td>例：3</td><td>例：6</td><td>例：2</td><td>例：1</td><td>例：3</td></tr>
<tr><td colspan="16">事故隐患排查治理情况分析：

例：本年度项目部着重对施工现场情况进行了安全隐患排查，共检查出 200 项问题，主要问题是安全警示标识设置不足、施工人员未佩戴安全帽等。经过整改，全部达到整改要求。（必须依照实际情况填写）

主要的应急、防范措施：

例：本年度项目部主要的应急、防范措施有开展××应急救援演练、配备完整应急救援设备设施……，应急、防范措施基本做到全覆盖。</td></tr>
</table>

填表人：（安全质量部职员）　　　　　　　　　　填表日期：　　年　月　日

注　本表编制依据：《中华人民共和国安全生产法》、《安全生产事故隐患排查治理暂行规定》（安监总局令第 16 号）、《水利工程生产安全重大事故隐患判定标准（试行）》（水安监〔2017〕344 号）、《关于进一步加强水利安全生产事故隐患排查治理工作的意见》（水安监〔2017〕409 号）、《水利水电工程施工安全管理导则》（SL 721—2015）。

表 1.5-21　事故隐患整改情况记录

编号：××AQ05-21

单位（项目部）：例：××工程

事故隐患名称	例：消防沙池上有杂物堆积		
隐患来源	例：原材料、杂物管理不当		
隐患整改项目负责人	例：（项目经理）	隐患整改项目安全负责人	×××
隐患整改项目组成员	例：（安全质量部全体成员）		
隐患整改项目是否办理作业票	是/否	隐患整改项目是否采取安全防护措施	是/否
隐患整改项目开始时间	××××年×月×日	隐患整改项目结束时间	××××年×月×日
隐患整改项目具体的安全防护措施	例：立即要求相关人员在消防沙池附近贴上“禁止堆放杂物”标识		
隐患整改项目具体的整改措施	例：立即要求相关人员将消防沙池上的杂物清理干净		
隐患整改效果	（合格/不合格）		
隐患整改项目负责人签名	（项目经理）	隐患整改项目安全负责人签名	（安全质量部部长）

记录人：（安全质量部职员）　　　　　　　　　　　　　　记录时间：　　年　月　日

注　本表编制依据：《中华人民共和国安全生产法》、《安全生产事故隐患排查治理暂行规定》（安监总局令第 16 号）、《水利工程生产安全重大事故隐患判定标准（试行）》（水安监〔2017〕344 号）、《关于进一步加强水利安全生产事故隐患排查治理工作的意见》（水安监〔2017〕409 号）、《水利水电工程施工安全管理导则》（SL 721—2015）。

表 1.5-22　事故隐患治理情况验收和评价记录

编号：××AQ05-22

单位（项目部）：例：××工程

<table>
<tr><td colspan="6">整改内容：

例：消防沙池上有杂物堆积</td></tr>
<tr><td colspan="6">整改措施：
例：1. 立即要求相关人员在消防沙池附近贴上“禁止堆放杂物”标识
2. 立即要求相关人员将消防沙池上的杂物清理干净；
3. ……</td></tr>
<tr><td colspan="6">验收结果：

（合格/不合格）</td></tr>
<tr><td colspan="6">验收人员（签名）：（按照实际验收人员填写）</td></tr>
<tr><td>完成日期</td><td>××××年×月×日</td><td>整改负责人（签名）</td><td>（安全质量部部长）</td><td>反馈日期</td><td>××××年×月×日</td></tr>
</table>

注　本表编制依据：《中华人民共和国安全生产法》、《安全生产事故隐患排查治理暂行规定》（安监总局令第 16 号）、《水利工程生产安全重大事故隐患判定标准（试行）》（水安监〔2017〕344 号）、《关于进一步加强水利安全生产事故隐患排查治理工作的意见》（水安监〔2017〕409 号）、《水利水电工程施工安全管理导则》（SL 721—2015）。

六、应急管理

表 1.6-1　应急演练记录

编号：××AQ06-01

单位（项目）名称：例：公司机关/××工程

<table>
<tr><td>组织部门</td><td>例：安全质量部/安全质量部</td><td>预案名称</td><td colspan="3">例：消防安全演练应急预案</td></tr>
<tr><td>总指挥</td><td>（安全生产领导小组组长/项目经理）</td><td>演练地点</td><td>例：办公楼/施工宿舍</td><td>起止时间</td><td>例：13:00—15:00</td></tr>
<tr><td>参加部门及人数</td><td colspan="5">例：安全质量部、工程部、财务部……；73 人</td></tr>
<tr><td rowspan="2">演练类别</td><td colspan="4">□桌面演练　□功能演练　□全面演练</td><td rowspan="2">实际演练部分：
例：防火演练</td></tr>
<tr><td colspan="4">□全部预案　□部分预案</td></tr>
<tr><td colspan="6">演练目的、内容：

例：目的：为了进一步增强员工消防安全意识和当火灾发生时的自救能力……
　　内容：防火演练</td></tr>
<tr><td colspan="6">演练过程描述：（可附表）

例：13:07　办公楼三楼一间办公室部位发现火灾事故的发生，烟雾迅速蔓延，一名职工及时发现并迅速在第一时间像安全质量部打报警电话，报告火灾情况；
　　13:10　值班人员接到报警电话后，向总指挥报告火灾发生地点及其情况；
　　……</td></tr>
<tr><td colspan="6">演练总结：（成功经验、缺陷和不足）

例：通过这次演练，进一步增强了公司员工的消防安全意识和当火灾发生时的自救能力，并更好的掌握了如何识别危险、如何采取必要的应急措施等基本技能。有效的提高了我公司员工应急救援能力和应急反应的综合素质。促进了公司员工在未来的工作生活中对消防安全的必要重视，能有效降低事故危害，确保公司安全、有序、健康的发展……</td></tr>
</table>

填表人	（安全质量部职员/安全质量部职员）	审核人	（安全质量部部长/项目经理）	填表日期	××××年×月×日

注　本表编制依据：《中华人民共和国安全生产法》、《水利工程建设安全生产管理规定》（水利部令第 26 号）、《水利部关于进一步加强水利安全生产应急管理提高生产安全事故应急处置能力的通知》（水安监〔2014〕19 号）、《水利部安全生产事故应急预案（试行）》（水安监〔2016〕443 号）、《水利水电工程施工安全管理导则》（SL 721—2015）。

表 1.6-2　应急装备和应急物资台账

编号：××AQ06-02

单位（项目）名称：例：××工程

序号	应急装备/物资名称	规格	数量	存放位置	负责部门	负责人
1	例：沙袋	例：5kg/袋	例：30 个	应急救援仓库	安全质量部	（安全质量部部长）
2	例：救生衣	例：—	例：50 个	应急救援仓库	安全质量部	（安全质量部部长）
3	……	……	……	……	……	……

注　本表编制依据：《中华人民共和国安全生产法》、《水利工程建设安全生产管理规定》（水利部令第 26 号）、《水利部关于进一步加强水利安全生产应急管理提高生产安全事故应急处置能力的通知》（水安监〔2014〕19 号）、《水利部安全生产事故应急预案（试行）》（水安监〔2016〕443 号）、《水利水电工程施工安全管理导则》（SL 721—2015）。

表 1.6-3　应急装备和应急物资检查维护记录

编号：××AQ06-03

单位（项目）名称：例：××工程

序号	应急装备/物资名称	规格	存放位置	检查日期	检查结果	检查人	维护日期	维护记录	维护人
1	例：砂袋	例：5kg/袋	应急救援仓库	××××年×月×日	（完好/有损坏）	×××	××××年×月×日	例：储备足够	（安全质量部职员）
2	例：救生衣	例：—	应急救援仓库	××××年×月×日	（完好/有损坏）	×××	××××年×月×日	例：储备足够	（安全质量部职员）
3	……	……	……	……	……	……	……	……	……

注　本表编制依据：《中华人民共和国安全生产法》、《水利工程建设安全生产管理规定》（水利部令第 26 号）、《水利部关于进一步加强水利安全生产应急管理提高生产安全事故应急处置能力的通知》（水安监〔2014〕19 号）、《水利部安全生产事故应急预案（试行）》（水安监〔2016〕443 号）、《水利水电工程施工安全管理导则》（SL 721—2015）。

表 1.6-4　预警预报记录

编号：××AQ06-04

单位（项目部）：××工程段

序号	预警时间	预警内容	发布形式	发布范围	备注
1	××××年×月×日	例：×时×分，受大到暴雨影响，××标段水位有明显升高，注意防范山洪、水库等险情	例：微信群发布	例：项目部全体成员	（填写另需说明的相关内容）
2	……	……	……	……	……

注　本表编制依据：《中华人民共和国安全生产法》、《水利工程建设安全生产管理规定》（水利部令第 26 号）、《水利部关于进一步加强水利安全生产应急管理提高生产安全事故应急处置能力的通知》（水安监〔2014〕19 号）、《水利部安全生产事故应急预案（试行）》（水安监〔2016〕443 号）、《水利水电工程施工安全管理导则》（SL 721—2015）。

表 1.6-5　应急设备和物资台账

编号：××AQ06-05

单位（项目部）：××工程段

序号	物资名称	数量	存放地点	状态	备注
1	例：编织袋	例：10 袋	应急救援仓库	（不）可使用	（填写另需说明的相关内容）
2	……	……	……	……	……

注　1. 本表由项目部填写。

2. 本表编制依据：《中华人民共和国安全生产法》、《水利工程建设安全生产管理规定》（水利部令第 26 号）、《防汛储备物资验收标准》（SL 297—2004）、《防汛储备物资定额编制规程》（SL 298—2004）。

表 1.6-6　应急物资、装备检查、维护记录

编号：××AQ06-06

单位（项目部）：××工程段

序号	物资名称	存放地点	规格型号	检查情况			
				检查时间	检查人员	检查结果	采取措施
1	例：编织袋	应急救援仓库	例：（1个×100）/袋	××××年×月×日	×××	（是否可使用）	（如不可使用，及时处理）
2	……	……	……	……	……	……	……

注　1. 本表由项目部填写，用于应急物资、装备的维护保养。

2. 本表编制依据：《中华人民共和国安全生产法》、《水利工程建设安全生产管理规定》（水利部令第 26 号）、《防汛储备物资验收标准》（SL 297—2004）、《防汛储备物资定额编制规程》（SL 298—2004）。

表 1.6-7　应急预案演练记录

编号：××AQ06-07

单位（项目部）：例：公司机关

预案名称	例：消防安全应急演练预案		演练地点	例：公司办公楼	
组织单位（项目部）	例：公司安全生产领导小组办公室	组长	×××	演练时间	××××年×月×日
参加部门（项目部）	例：公司全体员工				
演练类别	□全部预案　　□部分预案				
物资准备和人员培训情况	例：物资准备情况：手提式灭火器 12 个，应急车 1 辆…… 人员培训情况：在演练之前有无对应急预案演练的培训，培训情况……				
演练过程描述	可附件 例： ×时×分，办公楼三楼一间办公室发现火灾事故发生，烟雾迅速蔓延，一名职工及时发现并第一时间向公司安全质量部报告火灾情况。 ×时×分，值班人员接到报警后，向总指挥报告火灾发生地点及情况 ……				
存在问题及改进措施	存在的问题：例：部分参加人员对待演习不够认真，逃生时不够紧迫，演练工作准备还是不够充分，组织活动缺乏严肃性…… 改进措施：　例：要加强对职工的消防安全教育，结合实际，经常性的组织职工进行消防安全演习与消防安全知识培训。提高职工的消防知识技能及消防安全意识……				
参加演练人员签字	（见签到表）				

注　1. 本表由安全质量部或项目部填写。用于应急演练和效果评估。

2. 本表编制依据：《中华人民共和国安全生产法》、《生产安全事故应急预案管理办法》（安监总局令第 88 号）、《生产安全事故应急演练指南》（AQ/T 9007—2011）、《生产安全事故应急演练评估规范》（AQ/T 9009—2015）。

表 1.6-8　应急演练评估报告

编号：××AQ06-08

单位（项目部）：例：公司机关

<table>
<tr><td colspan="2">预案名称</td><td>例：消防安全应急演练预案</td><td>演练时间</td><td>××××年×月×日</td></tr>
<tr><td colspan="2">演练地点</td><td colspan="3">例：红丝办公楼</td></tr>
<tr><td colspan="2">参加人员</td><td colspan="3">见签到表</td></tr>
<tr><td colspan="2">演练总结</td><td colspan="3">例：
通过这次演练，进一步增强了公司员工的消防安全意识和当火灾发生时的自救能力，并更好的掌握了如何识别危险、如何采取必要的应急措施等基本技能。有效地提高了公司员工应急救援能力和应急反应的综合素质。促进了公司员工在未来工作生活中对消防安全的必要重视，能有效降低事故危害，确保公司安全、有序、健康的发展。</td></tr>
<tr><td colspan="2">预案适宜性充分性评审</td><td colspan="3">适宜性：
☐全部能够执行　☐执行过程不够顺利　☐明显不适宜
充分性：
☐完全满足应急要求　☐基本满足需要完善　☐不充分，必须修改</td></tr>
<tr><td rowspan="4">演练效果评审</td><td>人员到位情况</td><td colspan="3">☐迅速准确　☐基本按时到位　☐个别人员不到位
☐重点部位人员不到位　☐职责明确，操作熟练
☐职责明确，操作不够熟练　☐职责不明，操作不熟练</td></tr>
<tr><td>物资到位情况</td><td colspan="3">现场物资：
☐现场物资充分，全部有效　☐现场准备不充分　☐现场物资严重缺乏
个人防护：
☐全部人员防护到位　☐个别人员防护不到位　☐大部分人员防护不到位</td></tr>
<tr><td>协调组织情况</td><td colspan="3">整体组织：
☐准确、高效　☐协调基本顺利，能满足要求　☐效率低，有待改进
抢险组分工：
☐合理、高效　☐基本合理，能完成任务　☐效率低，没有完成任务</td></tr>
<tr><td>实战效果评价</td><td colspan="3">☐达到预期目标
☐基本达到目的，部分环节有待改进
☐没有达到目标，须重新演练</td></tr>
</table>

注　1. 本表由安全质量部或项目部填写。用于应急演练和效果评估。

2. 本表编制依据：《中华人民共和国安全生产法》、《生产安全事故应急预案管理办法》（安监总局令第 88 号）、《生产安全事故应急演练指南》（AQ/T 9007—2011）、《生产安全事故应急演练评估规范》（AQ/T 9009—2015）、《水利水电工程施工安全管理导则》（SL 721—2015）。

七、事 故 管 理

表 1.7-1 生产安全事故（内部）调查报告

编号：××AQ07-01

事故部门	事故时间	事故级别	事故类别
例：××部门	××××年×月×日	例：一般安全事故	例：火灾事故
事故发生经过和事故救援情况	（填写实际事故经过） 例：立即拨打 119 火警电话进行报警，同时，项目部人员积极采取相应措施进行灭火……		
事故造成的人员伤亡和直接经济损失	例：人员伤亡：3 人受伤，0 人死亡； 直接经济损失：10000 元		
事故发生的原因和事故性质	例：事故发生的原因：烟头点燃被褥 事故性质：火灾事故		
事故责任的认定以及对事故责任者的处理建议	例：事故责任的认定：×××为主要事故责任人； 处理建议：建议对×××进行×××处罚		
事故防范和整改措　施	例：1. 立即查找失火原因，及时补充足量消防安全设备设施； 2. 立即对全体员工开展消防安全教育； 3. ……		
其　他			

注 本表编制依据：《中华人民共和国特种设备安全法》、《中华人民共和国安全生产法》、《生产安全事故报告和调查处理条例》（国务院令第 493 号）、《国家安全监管总局关于调整生产安全事故调查统计报告的通知》（安监总调度〔2007〕120 号）、《水利工程建设安全生产管理规定》（水利部令第 26 号）、《水利安全生产信息报告和处置原则》（水安监〔2016〕220 号）。

表 1.7-2　生产安全事故调查表

编号：××AQ07-02

事故发生单位	例：××公司				事故类别		例：火灾事故	
事故伤亡情况：例：×人受伤，×人死亡								
事故发生日期：××××年×月×日								
姓　名	伤害程度（死、重、轻）	工　种及级别	性别	年龄	本工种工龄	受过何种安全教育	估计财物损失	附　注
×××	例：轻	例：电焊工/中级	（男/女）	例：30	例：5	例：三类人员安全教育	××元	（填写另需说明的相关内容）
……	……	……	……	……	……	……	……	……
事故发生的经过和原因分析： （依据现场实际情况填写）时间、地点、事故发生原因、具体事故发展描述等								
预防事故重复发生的措施，完成期限，执行措施的负责人 例： 预防事故重复发生的措施：加强安全教育，配备好防火措施…… 完成期限：一个月内 执行措施的负责人：（单位负责人/项目经理）								
对事故的责任分析和对责任者的处理意见： 例： 责任分析： 处理意见：								

单位负责人：　　　　　　　　制表人：　　　　　　　　时间：　　年　月　日

注　本表编制依据：《中华人民共和国特种设备安全法》、《中华人民共和国安全生产法》、《生产安全事故报告和调查处理条例》（国务院令第 493 号）、《国家安全监管总局关于调整生产安全事故调查统计报告的通知》（安监总调度〔2007〕120 号）、《水利工程建设安全生产管理规定》（水利部令第 26 号）、《水利安全生产信息报告和处置原则》（水安监〔2016〕220 号）。

表 1.7-3　生产安全事故登记表

编号：××AQ07-03

年度：××××

序号	事故日期	事故类别	事故原因	事故地点	事故伤害人数			直接经济损失/万元	结案日期	备注
					死亡	重伤	轻伤			
1	××××年×月×日	例：火灾事故	例：烟头点燃被褥	例：项目部宿舍	例：0	例：0	例：1	例：1	××××年×月×日	（填写另需说明的相关内容）
2	……	……	……	……	……	……	……	……	……	……
填表人	（安全质量部职员）		项目经理	×××	填写日期	××××年×月×日				

注　1. 本表一式__份，由项目法人、施工单位分别填写，用于归档和备查。

2. 本表编制依据：《中华人民共和国特种设备安全法》、《中华人民共和国安全生产法》、《生产安全事故报告和调查处理条例》（国务院令第 493 号）、《国家安全监管总局关于调整生产安全事故调查统计报告的通知》（安监总调度〔2007〕120 号）、《水利工程建设安全生产管理规定》（水利部令第 26 号）、《水利安全生产信息报告和处置原则》（水安监〔2016〕220 号）。

表 1.7-4　生产安全事故管理台账

编号：××AQ07-04

<table>
<tr><td rowspan="2">事故概况</td><td>发生时间</td><td>××××年×月×日</td><td>事故损失</td><td>例：10000 元</td><td>事故责任人</td><td>×××</td></tr>
<tr><td>发生地点</td><td>例：××项目部员工宿舍</td><td>事故类别</td><td>例：火灾事故</td><td>上报时间</td><td>××××年×月×日×时×分</td></tr>
<tr><td colspan="7">事故经过、人员伤亡、财产损失及处理情况</td></tr>
<tr><td colspan="7">事故经过：（填写实际事故经过）</td></tr>
<tr><td colspan="7">人员伤亡：3 人受伤，0 人死亡</td></tr>
<tr><td colspan="7">财产损失：10000 元</td></tr>
<tr><td colspan="7">处理情况：及时查找事故原因×××，对受伤者进行了×××，已对事故相关责任人进行×××处罚</td></tr>
</table>

注　本表编制依据：《中华人民共和国特种设备安全法》、《中华人民共和国安全生产法》、《生产安全事故报告和调查处理条例》（国务院令第 493 号）、《国家安全监管总局关于调整生产安全事故调查统计报告的通知》（安监总调度〔2007〕120 号）、《水利工程建设安全生产管理规定》（水利部令第 26 号）、《水利安全生产信息报告和处置原则》（水安监〔2016〕220 号）。

表 1.7-5　生产安全事故现场记录

编号：××AQ07-05

工程名称	例：××工程	事故地点	例：××项目部	事故发生时间	××××年×月×日
建设单位	例：××公司	单位负责人	×××	手机号码	×××××××××××
监理单位	例：××公司	单位负责人	×××	手机号码	×××××××××××
施工单位	例：××公司	单位负责人	（项目经理）	手机号码	×××××××××××
事故单位概况	（公司实际概况）				
事故现场情况	（依据现场实际情况填写）时间、地点、事故发生原因、具体事故发展描述等				
已造成或者可能造成的伤亡人数（包括下落不明人数）	例：3 人受伤，0 人死亡				
直接经济损失（初步估计）	例：10000 元				
现场采取的措施	例：立即拨打 119 火警电话进行报警，同时，项目部人员积极采取相应措施进行灭火……				
其他					
填表人		填报单位	（全称及盖章）		

注　1. 本表一式____份，由事故单位填写，报项目法人、项目主管部门、安全监督机构和有关部门。施工单位、监理机构、项目法人各 1 份。

2. 本表编制依据：《中华人民共和国特种设备安全法》、《中华人民共和国安全生产法》、《生产安全事故报告和调查处理条例》（国务院令第 493 号）、《国家安全监管总局关于调整生产安全事故调查统计报告的通知》（安监总调度（2007）120 号）、《水利工程建设安全生产管理规定》（水利部令第 26 号）、《水利安全生产信息报告和处置原则》（水安监（2016）220 号）。

表 1.7-6　生产安全事故处理结果

编号：××AQ07-06

时间：　　年　月　日

事故名称	例：××项目部火灾事故	发生单位	例：××工程公司
发生时间	××××年×月×日	人员伤亡	例：3 人受伤，0 人死亡
事故责任鉴定	例：此次事故××公司负主要责，××公司由于管理不当负次要责任……		
事故处理情况	例：此次事故火势已经得到全面控制，3 名伤者已立即送往医院治疗……		
有关责任人处理情况	例：1. 项目经理……； 2. ……		
整改措施	例：1. 立即查找失火原因，及时补充足量消防安全设备设施； 2. 立即对全体员工开展消防安全教育； 3. ……		

注　本表编制依据：《中华人民共和国特种设备安全法》、《中华人民共和国安全生产法》、《生产安全事故报告和调查处理条例》（国务院令第 493 号）、《国家安全监管总局关于调整生产安全事故调查统计报告的通知》（安监总调度〔2007〕120 号）、《水利工程建设安全生产管理规定》（水利部令第 26 号）、《水利安全生产信息报告和处置原则》（水安监〔2016〕220 号）。

表 1.7-7　事故整改措施和预防措施实施记录

编号：××AQ07-07

序号	事故名称	发生时间	整改时间	整改情况	工程技术预防措施	教育培训预防措施	管理预防措施	其他	效果评价	备注
1	例：××项目部火灾事故	××××年×月×日	××××年×月×日	（已/未整改）	例：更换成新型自动烟雾感应装置	例：对全体从业开展消防安全知识培训考核，合格才能上岗从业...	例：加强宿舍内部自查自检频次...		（良好/一般/差）	（填写另需说明的相关内容）
2	……	……	……	……	……	……	……	……	……	……

注　本表编制依据：《中华人民共和国特种设备安全法》、《中华人民共和国安全生产法》、《生产安全事故报告和调查处理条例》（国务院令第 493 号）、《国家安全监管总局关于调整生产安全事故调查统计报告的通知》（安监总调度〔2007〕120 号）、《水利工程建设安全生产管理规定》（水利部令第 26 号）、《水利安全生产信息报告和处置原则》（水安监〔2016〕220 号）。

表 1.7-8　水利行业生产安全事故月报表

编号：××AQ07-08

填报单位：（盖章）　　　　　　　　　　填报时间：　　年　月　日

序号	事故发生时间	发生事故单位		死亡人数	重伤人数	直接经济损失	事故类别	事故原因	事故简要情况
		名称	类型						
1	××××年×月×日	×××项目部	例：火灾事故	例：0	例：0	例：10000元	（特别重大事故、重大事故、较大事故、一般事故）	例：油锅起火	例：食堂操作间油锅起火，火势可控，操作人员及时用灭火毯扑灭
2	……	……	……	……	……	……	……	……	……

单位负责人签章：　　　　　　　　部门负责人签章：　　　　　　　　制表人签章：

注　1.事故单位类型填写：①水利工程建设；②水利工程管理；③农村水电站及配套电网建设与运行；④水文测验；⑤水利工程勘测设计；⑥水利科学研究实验与检验；⑦后勤服务和综合经营；⑧其他。非水利系统事故单位，应予以注明。

2. 重伤事故按照《企业职工伤亡事故分类标准》（GB 6441—86）和《事故伤害损失工作日标准》（GB/T 15499—1995）定性。

3. 直接经济损失按照《企业职工伤亡事故经济损失统计标准》（GB 6721—86）确定。

4. 事故类别填写内容为：①物体打击；②提升、车辆伤害；③机械伤害；④起重伤害；⑤触电；⑥淹溺；⑦灼烫；⑧火灾；⑨高处坠落；⑩坍塌；⑪冒顶片帮；⑫透水；⑬放炮；⑭火药爆炸；⑮瓦斯煤层爆炸；⑯其他爆炸；⑰容器爆炸；⑱煤与瓦斯突出；⑲中毒和窒息；⑳其他伤害。可直接填写类别代号。

5. 本月无事故，应在表内填写“本月无事故”。

6. 本表编制依据：《中华人民共和国特种设备安全法》、《中华人民共和国安全生产法》、《生产安全事故报告和调查处理条例》（国务院令第 493 号）、《国家安全监管总局关于调整生产安全事故调查统计报告的通知》（安监总调度〔2007〕120 号）、《水利工程建设安全生产管理规定》（水利部令第 26 号）、《水利安全生产信息报告和处置原则》（水安监〔2016〕220 号）。

表 1.7-9　生产安全事故上报表

编号：××AQ07-09

单位（项目部）：例：××项目部

事故名称	例：火灾事故	发生时间	××××年×月×日	地点	例：项目部食堂
事故类别	（特别重大事故、重大事故、较大事故、一般事故）	人员伤害情况	例：0 人	直接经济损失	例：10000 元
事故调查组长	（项目经理）	成员	（安全质量部职员）	结案日期	××××年×月×日
事故概况	例： ××××年×月×日，上午/下午×时×分，项目部食堂发生火灾事故，（简单描述现场情况）。				
事故调查处理情况	例： 经调查，本次事故起因是……，着火点为……，有无第一时间进行救援，事故现场可控/不可控，截至目前，事故现场所有危险部位有无处理完毕，事故造成×人受伤、×人死亡，直接经济损失××元，事故类别为（特别重大事故、重大事故、较大事故、一般事故）。				
填表人	（安全质量部职员）	审核人	（项目经理）	填表日期	××××年×月×日

注　1. 本表一式____份，由事故发生单位填写，用于归档和备查。

2. 本表编制依据：《中华人民共和国特种设备安全法》、《中华人民共和国安全生产法》、《生产安全事故报告和调查处理条例》（国务院令第 493 号）、《国家安全监管总局关于调整生产安全事故调查统计报告的通知》（安监总调度〔2007〕120 号）、《水利工程建设安全生产管理规定》（水利部令第 26 号）、《水利安全生产信息报告和处置原则》（水安监〔2016〕220 号）。

八、持续改进

表 1.8-1　安全标准化系统持续改进计划

编号：××AQ08-01

制定日期	××××年×月×日	制定人员	×××
实施日期	××××年×月×日	主要负责人	×××
安全生产目标、规章制度、操作规程的修改完善情况： 1．在安全生产基础工作方面，各部门、中心存在一定的差距，安全管理制度还需进一步完善，安全管理存在漏洞。 2．现场管理还需进一步加强，职工安全意识有待进一步提高。结合现场管理要求，要进一步提高操作规程的可操作性。 3．安全生产目标有的部门未落实到位，考核不够认真，考核办法存在不足，考核还没有对安全生产起到足够的促进作用。			
系统持续改进计划内容： 1．发现安全生产制度和措施不适宜的条款、不能充分反映单位实际情况和不能有效防止安全生产事故发生时，应及时进行修订。 2．安全生产工作目标、指标不能完成的部门、中心要查明原因，根据实际进行处罚并适当调整指标。 3．针对考核中纠正与预防措施的要求，应制定具体的实施方案并予以保持；持续改进绩效考核制度，不断降低、控制或消除各类安全风险和危害。			
具体措施： 1．进一步加强安全生产基础工作，提升单位安全生产保障能力。 2．加强隐患排查治理，认真落实“五到位”。 3．进一步强化职业健康管理，规范管理各种记录、台账、职业健康档案。 4．修订《安全目标考核管理办法》，增强绩效考核的合理性、约束性、可实施性。 5．加强对职工的安全教育培训，提高安全生产意识。 6．加强应急救援管理能力建设，配备必要的应急救援器材，提高应急响应能力。			
审批意见： 审批人：　　　　　　　　　　　　日期：			

表 1.8-2　20 ××年度安全绩效考评汇总

编号：××AQ08-02

序号	单位/部门	安全生产目标考核得分（50 分）	安全标准化绩效考核得分（50 分）	一票否决项	年度考核得分
1	办公室		47.5		
2	财务部		48		
3	经营部		48.5		
4	物业公司		46.5		
5	工程公司		46.5		
6	设计公司		48		
7	总工办		47.5		
8	安全质量部		49.0		

安全生产领导小组考核意见：
考核小组拟推荐____××××____ 和 ____××××____为安全绩效考核优秀部门。

考核小组组长（签字）：

年　月　日

表 1.8-3　安全生产标准化持续改进情况验证表

编号：××AQ08-03

填表时间：××××年×月×日

序号	整改内容	责任科室	责任人	完成时间	效果验证
1	加强安全生产标准化教育和培训。对有关记录进行统一规范的填写	办公室		全年	已整改，持续坚持
2	加强职工特别是现场操作人员的安全教育，经常开展操作规程的培训及考核活动	工程公司		全年	已整改，持续坚持
3	安全生产费用明细按标准化要求进行分类	财务部		全年	已制定整改措施，正在整改中
4	加强各类设备设施检查	工程公司		××××年第三季度	已完成整改
5	加强安全标志标牌的检查管理工作，对缺失或破损的标志牌及时补充或修复	工程公司		××××年第四季度	已整改
6	加强应急演练工作安排，定期进行各类项目的应急救援演练	安全质量部		××××年第三季度	已整改

审批人：×××　　　　填表人：×××

表 1.8-4　安全生产持续改进验证情况

编号：××AQ08-04

序号	发现问题描述	整改措施	责任部门	责任人	整改期限	整改结果（整改前、整改后情况附图片说明）		
						整改前	整改后	整改描述
1	加强安全生产标准化的教育和培训。对有关记录进行统一规范的填写	安全质量部督办	办公室	×××	全年			已整改，持续坚持
2	加强职工特别是现场操作人员的安全教育，经常开展操作规程的培训及考核活动	按规定频次、时间进行培训及考核	工程公司	×××	全年			已整改，持续坚持
3	安全生产费用明细按标准化要求进行分类	依据标准化费用分类进行细化	财务部	×××	全年			已整改

第二部分

应用与示例——吉林西部供水工程（乾安片区）施工二标段项目

一、目标职责

表 2.1-1　安全生产目标分解表

编号：××AQ01-01

安全生产目标	乾安二标项目部 2020 年度安全生产目标： 1.杜绝人身重伤、死亡责任事故，轻伤负伤率指标控制在 0.3%。 2.建成安全文明标准化工地。 3.安全隐患排查整改率 100%。 4.确保本工程施工安全无伤亡等级事故发生；确保本工程无火灾、交通责任事故发生；确保本工程施工设备安全；不破坏生态环境，不发生环境污染事故，施工现场整洁规范。 5.认真贯彻开发公司《安全生产管理制度汇编》《安全生产应急预案》《岗位工种安全技术操作规程》《施工机械安全技术操作规程》，施工现场安全防护标准化合格率 100%。 6.安全管理人员持证上岗率 100%，特种作业管理人员持证上岗率 100%		
序号	部门	目　标　分　解	责任人
1	项目经理部	1.组织编写项目安全保证计划措施、责任制、协调筹措安全经费，并对保证计划运行负主要责任。 2.负责安全保证计划的运行及日常计划、组织、检查、验收、协调工作	项目经理
2	安全科	1.负责安全保证计划全过程运行、检查、检验、整改、防范及安全记录。 2.督促检查、落实安全整改措施	专职安全员
3	技术科	具体负责安全保证计划技术措施、岗位职责、操作规程、安全技术交底及各工种方案的编制审核报批工作	技术负责人
4	材料设备科	1.负责安全保证计划中对安全合格供应商材料的检查验收以及采购工作。 2.监督、检查、控制现场机械设备的管理工作和对机操人员进行培训教育	材料设备科科长
5	财务科	1.检查项目部安全生产费用的提取、使用情况，保证工程项目安全生产费用的有效使用。 2.做好财务资料的保管工作	财务负责人
6	电工班	负责安全保证施工现场安全用电控制、交底、人员管理，按规定进行维修、整改	电工班长

表 2.1-2　安全生产目标监督检查记录

编号：××AQ01-02

检查单位	乾安二标项目部	检查时间	2020 年 10 月 3 日
被检查单位	混凝土施工队	责任人	刘广新
检查内容		完成情况	
临时用电设施完好可靠		是☑　否☐	
警示标识醒目齐全		是☑　否☐	
特种作业人员持证上岗		是☐　否☑	
员工按规定进行安全生产教育培训		是☑　否☐	
未发生施工机械设备事故		是☑　否☐	
安全防护设施设备完好		是☑　否☐	
安全隐患排查整改到位		是☑　否☐	
施工现场整洁规范		是☑　否☐	
……		……	
检查结论：完成☑　未完成☐			
未实现原因分析：施工现场建筑垃圾未及时清理，存在电线老化、破皮包扎不到位现象			
检查人	苏生、李志远、秦希严、姜军、李越	检查组负责人	苏生

表 2.1-3　安全生产责任制落实情况检查记录

编号：××AQ01-03

<table>
<tr><td>检查单位</td><td>开发公司安全生产领导小组</td><td>检查时间</td><td>2020 年 12 月 24 日</td></tr>
<tr><td>被检查单位</td><td>乾安二标项目部</td><td>责任人</td><td>蒋迪</td></tr>
<tr><td colspan="2">检查内容</td><td colspan="2">检查情况</td></tr>
<tr><td colspan="2">死亡及重伤（含交通责任）事故为 0</td><td colspan="2">是☑　否☐</td></tr>
<tr><td colspan="2">轻伤负伤率指标控制在 0.3%以内</td><td colspan="2">是☑　否☐</td></tr>
<tr><td colspan="2">特种作业管理人员持证上岗率 100%</td><td colspan="2">是☐　否☑</td></tr>
<tr><td colspan="2">员工安全生产教育培训率 100%</td><td colspan="2">是☑　否☐</td></tr>
<tr><td colspan="2">未发生施工机械设备事故</td><td colspan="2">是☑　否☐</td></tr>
<tr><td colspan="2">安全防护设施设备完好率 100%</td><td colspan="2">是☑　否☐</td></tr>
<tr><td colspan="2">安全隐患排查整改率 100%</td><td colspan="2">是☑　否☐</td></tr>
<tr><td colspan="2">……</td><td colspan="2"></td></tr>
<tr><td colspan="2"></td><td colspan="2"></td></tr>
<tr><td colspan="2"></td><td colspan="2"></td></tr>
<tr><td colspan="2"></td><td colspan="2"></td></tr>
<tr><td>检查结论</td><td colspan="3">检查结论：完成☑　未完成☐</td></tr>
<tr><td colspan="4">存在问题描述：</td></tr>
<tr><td>检查人</td><td>张洪海、栾万昌、田地、杨帆</td><td>检查组负责人</td><td>张洪海</td></tr>
</table>

表 2.1-4　会议签到表

编号：××AQ01-04

会议主题	2020 年度第一次安全生产会议				
时间	2020 年 8 月 15 日		地点	乾安二标项目部	
部门	姓名	职务/岗位	部门	姓名	职务/岗位
项目经理部	蒋迪	项目经理			
项目经理部	苏生	项目副经理			
技术科	秦希严	技术负责人			
技术科	庞秋实	质检员			
安全科	李越	安全员			
安全科	姜军	施工员			
技术科	李瑞泽	技术员			
财务科	田地	财务负责人			
电工班	从文峰	电工班长			
施工队	张守义	施工队负责人			
施工队	刘广新	工长			
……	……	……			
备注	李志远因出差未参加此次会议				

注　本表由职能部门或项目部填写，用于各类会议签到。

表 2.1-5　安全生产投入计划

编号：××AQ01-05

序号	工程项目名称	计划完成产值	提取标准	提取金额	备注
1	乾安二标项目部	400 万元	2%	8 万元	
2	……	……	……	……	……
批准：蒋迪		审核：田地		编制：李越	

表 2.1-6　安全生产费用使用计划

编号：××AQ01-06

序号	费用项目	金额/万元	使用日期	备注
1	完善、改造和维护安全防护设施设备支出（不含“三同时”要求初期投入的安全设施），包括施工现场临时用电系统、洞口、临边、机械设备、高处作业防护、交叉作业防护、防火、防爆、防尘、防毒、防雷、防台风、防地质灾害、地下工程有害气体监测、通风、临时安全防护等设施设备支出	2.5	2020-8-1	
2	配备、维护、保养应急救援器材、设备支出和应急演练支出	1	2020-8-1	
3	开展重大危险源和事故隐患评估、监控和整改支出	1.7	2020-12-3	
4	安全生产检查、评价（不包括新建、改建、扩建项目安全评价）、咨询和标准化建设支出	0.5	2020-8-7	
5	配备和更新现场作业人员安全防护用品支出	0.3	2020-8-1	
6	安全生产宣传、教育、培训支出	1	2020-8-1	
7	安全生产适用的新技术、新标准、新工艺、新装备的推广应用支出	0.5	2020-8-1	
8	安全设施及特种设备检测检验支出	0.2	2020-8-1	
9	其他与安全生产直接相关的支出	0.3	2020-8-1	
……	……	……	……	

批准：蒋迪	审核：田地	编制：李越	日期：2020 年 3 月 4 日

表 2.1-7　安全生产费用审批表

编号：××AQ01-07

申请部门：吉林西部供水工程（乾安片区）施工二标项目经理部

部门负责人：蒋迪　　　　日期：2020 年 7 月 28 日

<table>
<tr><td>项目名称</td><td colspan="2">吉林西部供水工程（乾安片区）施工二标段项目经理部</td></tr>
<tr><td>项目性质</td><td colspan="2">新建渠道</td></tr>
<tr><td>申请理由及效果</td><td colspan="2">保障项目部正常安全生产所需</td></tr>
<tr><td>工艺及布置说明</td><td colspan="2">建筑物采用围挡进行封闭施工，基坑开挖时边坡采用阶梯式开挖，周围不堆土，吊装作业时由专人指挥，闲杂人等不得进入施工场地</td></tr>
<tr><td>项目主要内容</td><td colspan="2">土方开挖，土方填筑，路下涵、分水闸建筑物施工，闸门吊装，渠道脚槽混凝土浇筑，实心生态板块铺设，六菱形混凝土框格铺设、混凝土压顶，埋管、顶管安装，环保、水保工程</td></tr>
<tr><td>所需主要设备（材料）数量</td><td colspan="2">灭火器 20 个，铁锹 10 把，安全帽 50 个，安全绳 10 条，防护网 300m，围挡 300m，警示标识、反光贴若干，隔离绳 500m，彩条布 200m，空气断路器 5 个，配电箱 5 个，绝缘电线 500m</td></tr>
<tr><td>完成时间和进度</td><td colspan="2">预计 2021 年 9 月 30 日完成，2020 年完成进度 25%</td></tr>
<tr><td rowspan="4">审批意见</td><td>安全质量部</td><td>张洪海</td></tr>
<tr><td>财务部</td><td>田地</td></tr>
<tr><td>工程公司经理</td><td>秦希严</td></tr>
<tr><td>总经理</td><td>张继真</td></tr>
<tr><td>备注</td><td colspan="2"></td></tr>
</table>

表 2.1-8　安全生产费用使用台账

编号：××AQ01-08

序号	费用大类	使用细目	费用/元
1	完善、改造和维护安全防护、检测、探测设备、设施支出	1.“四口”“五临边”等防护、防滑设施	4000
		2.防止物体、人员坠落设置的安全网、棚等	14700
		3.安全警示、警告标示、标牌及安全宣传栏等购买、制作、安装及维修、维护	1500
		4.特种设备、压力容器、避雷设施、大型施工机械、支架等检测检验，设备维修养护	1000
		5.其他安全防护设施、检测设施、设备	3800
2	配备必要的应急救援器材、设备和现场作业人员安全防护物品支出	1.各种应急救援设备及器材、救生衣、圈，急救药箱及器材	1000
		2.安全帽、保险带、手套、雨鞋、口罩等现场作业人员安全防护用品	2500
		3.其他专门为应急救援所需而准备的物资、专用设备、工具	6500
3	安全生产检查与评价支出	1.日常安全生产检查、评估	3000
		2.聘请专家参加与安全检查和评价	2000
4	重大危险源、重大事故隐患的评估、整改、监控支出	1.对重大危险源、重大事故隐患进行辨别、评估、整改、监控、监管	14000
		2.爆破物、放射性物品储存、使用、防护	—
		3.对重大危险因素的分部、分项工程安全专项施工方案进行论证、咨询	3000
5	安全技能培训及进行应急救援演练支出	1.“三类人员”和特种作业人员的安全教育培训、复训	4000
		2.内部组织的安全技术、知识培训教育	3000
		3.组织应急救援演练	3000
6	其他与安全生产直接相关的支出	1.召开安全生产专题会议等相关活动	3000
		2.举办安全生产为主题的知识竞赛、技能比赛等活动	2000
		3.安全经验交流、现场观摩	1000
		4.购置、编印安全生产书籍、刊物、影象资料	3000
		5.配备给专职安全使用的相机、电脑等物品	2000
		6.安全生产奖励费用：发给专职安全员工资以外的安全目标考核奖励，安全生产工作先进个人、集体的奖励	2000
安全生产费用总额			80000
合同投标价（2020 年完成产值）			4000000
费用总额占合同标价比例			2%

注　投标单位可根据自身施工特点对本表所列的“使用细目”进行有针对性的增减或调整，并填报相应费用及费用组成明细表，细化到列清各种配置设施的名称、数量、单价。

表 2.1-9　安全生产费用使用情况汇总表

2020 年度第三季度

编号：××AQ01-09

工程项目：吉林西部供水工程（乾安片区）施工二标段　　工程造价：27849955　　单位：元

年	月	日	凭证号	摘要	完善、改造和维护安全防护设施设备支出	配备、维护、保养应急救援器材、设备支出和应急演练支出	开展重大危险源和事故隐患评估、监控和整改支出	安全生产检查、评价（不包括新建、改建、扩建项目安全评价）、咨询和标准化建设支出	配备和更新现场作业人员安全防护用品支出	安全生产宣传、教育、培训支出	安全生产适用的新技术、新标准、新工艺、新装备的推广应用支出	安全设施及特种设备检测检验支出	其他与安全生产直接相关的支出
2020	8	3	171		25000								
2020	8	5	227			10000							
2020	8	9	257					10000					
2020	8	10	270						10000				
2020	8	25	357							10000			
2020	9	2	68								5000		
2020	9	7	146									2000	
2020	9	9	184										3000
2020	12	17	270				17000						
项目经理：蒋迪							复核：张洪海			制表：田地		日期：2020 年 12 月 30 日	

注　财务人员制表，安全人员复核。

二、制度化管理

表 2.2-1　文件发放收回记录

编号：××AQ02-03

发放记录						收回记录		备注
文件编号	文 件 名 称	发放日期	发放份数	签收部门	签收人	收回日期	收回原因	
AQ001—2020	安全生产管理制度汇编	2020-7-31	1	施工队	张守义			
AQ002—2020	安全生产应急预案	2020-7-31	1	施工队	张守义			
AQ003—2020	岗位工种安全技术操作规程	2020-7-31	1	施工队	张守义			
AQ004—2020	施工机械安全技术操作规程	2020-7-31	1	施工队	张守义			
AQ005—2020	安全生产责任制	2020-7-31	1	施工队	张守义			
AQ006—2020	水利水电工程施工安全管理导则	2020-7-31	1	施工队	张守义			
AQ007—2020	开发公司近期疫情防控工作要求	2020-7-31	1	安全科	李越	2020-8-1	文件传达完毕归档	
AQ008—2020	开发公司 2020 年上半年安全生产工作会议	2020-7-31	1	安全科	李越	2020-8-1	文件传达完毕归档	
AQ009—2020	松辽委安全生产专项整治三年行动实施方案	2020-8-6	1	安全科	李越	2020-8-8	文件传达完毕归档	
AQ010—2020	开发公司开展中秋、国庆节前安全大检查的通知	2020-9-30	1	安全科	李越	2020-10-1	文件传达完毕归档	

注　本表由项目部安全科负责填写并存档。

表 2.2-2　文件资料存档登记表

编号：××AQ02-04

序号	文件编号	文件名称	原件/复印件	页数	份数	存档位置	存档人	存档时间
1	AQ001—2020	安全生产管理制度汇编	复印件	348	1	档案柜	李越	2020-7-28
2	AQ002—2020	安全生产应急预案	复印件	224	1	档案柜	李越	2020-7-28
3	AQ003—2020	岗位工种安全技术操作规程	复印件	223	1	档案柜	李越	2020-7-28
4	AQ004—2020	施工机械安全技术操作规程	复印件	145	1	档案柜	李越	2020-7-28
5	AQ005—2020	安全生产责任制	复印件	9	1	档案柜	李越	2020-7-28
6	AQ006—2020	水利水电工程施工安全管理导则	复印件	196	1	档案柜	李越	2020-7-28
7	AQ007—2020	开发公司近期疫情防控工作要求	复印件	2	1	档案柜	李越	2020-8-1
8	AQ008—2020	开发公司 2020 年上半年安全生产工作会议	复印件	2	1	档案柜	李越	2020-8-1
9	AQ009—2020	松辽委安全生产专项整治三年行动实施方案	复印件	25	1	档案柜	李越	2020-8-8
10	AQ010—2020	开发公司开展中秋、国庆节前安全大检查的通知	复印件	3	1	档案柜	李越	2020-10-1

三、教育培训

表 2.3-1　2020 年度员工培训计划

编号：××AQ03-01

单位（项目部）：吉林西部供水工程（乾安片区）施工二标段

序号	培训内容	培训类型	培训对象	承办单位	参加人数	培训时间	备注
1	安全生产方面的法律法规	聘请专家培训	主要负责人和安全生产管理人员	项目部	4	2020 年 8 月	
2	安全操作规程	内部培训	操作人员	安全科	50	2020 年 8 月	定期进行教育
3	安全技术交底	上岗前教育	各工种作业人员	安全科、技术科	50	2020 年 8 月	
4	新员工上岗前培训	上岗前教育	各工种作业人员	安全科、技术科	50	2020 年 8 月	
5	应急预案	内部培训	项目部全体员工	安全科	50	2020 年 8 月	定期进行教育
6	特种设备操作人员安全培训	内部培训	相关岗位	安全科	5	2020 年 8 月	定期进行教育
7	安全生产管理制度	内部培训	项目部全体员工	安全科	50	2020 年 8 月	定期进行教育
8	工艺安全知识	内部培训	相关岗位	安全科、技术科	50	2020 年 8 月	
9	安全生产考核	试卷考核	项目部、施工队全体员工	项目部	50	2020 年 12 月	年底进行考核
……	……	……	……	……	……	……	……

编制：李越　　　审核：苏生　　　批准：蒋迪　　　填表日期：2020 年 1 月 28 日

表 2.3-2 培训申请表

编号：××AQ03-02

单位（项目部）：吉林西部供水工程（乾安片区）施工二标段

<table>
<tr><td>培训主题</td><td>2020 年度安全生产知识培训</td><td>培训单位</td><td>乾安二标项目部</td></tr>
<tr><td>培训时间</td><td colspan="3">2020 年 8 月 5 日</td></tr>
<tr><td colspan="4">申请原由：
为了贯彻落实国家安全生产法律法规及公司的安全生产规章制度，全面提高项目部安全生产管理人员的责任意识，减少和避免安全事故的发生，特申请此次培训。</td></tr>
<tr><td colspan="4">培训内容：
一、我国安全生产法律基本体系
二、安全管理基础
三、安全用电管理
四、消防管理
五、防洪度汛管理
六、高处作业
七、基坑防护</td></tr>
</table>

<table>
<tr><td>所属部门意见：
同意
2020 年 8 月 3 日</td><td>安全质量部意见：
同意
2020 年 8 月 3 日</td><td>公司意见：
同意
2020 年 8 月 3 日</td></tr>
<tr><td colspan="3">备注：</td></tr>
</table>

表 2.3-3　培 训 记 录

编号：××AQ03-03

单位（项目部）：吉林西部供水工程（乾安片区）施工二标段

培训主题	2020 年度安全教育培训	培训对象	项目部全体员工
组织培训单位	乾安二标项目部	培训人数	48
培训时间	2020 年 8 月 9 日	培训学时	2
培训地点	乾安二标项目部会议室		
培训内容摘要： 一、安全防护用品正确佩戴 二、临时用电安全 三、施工机械安全 四、消防安全管理 五、生活区管理 六、高空作业管理 七、基坑作业管理 八、起重吊装作业管理			
培训主管	李越	审核	蒋迪

表 2.3-4　培训效果评价

编号：××AQ03-04

单位（项目部）：吉林西部供水工程（乾安片区）施工二标段

<table>
<tr><td>培训主题</td><td colspan="3">2020 年度安全教育培训</td></tr>
<tr><td>培训时间</td><td>2020 年 8 月 9 日</td><td>培训地点</td><td>乾安二标项目部会议室</td></tr>
<tr><td>考核方式</td><td>口试□　　笔试□</td><td>员工评价</td><td>满意□　基本满意□　不满意□</td></tr>
<tr><td colspan="4">对本次培训的效果评价及相关建议：
一、效果评价：
此次培训效果（非常好/很好/一般/差）。
二、相关建议：
建议以后开展培训时，适当增加学习交流时间。</td></tr>
<tr><td colspan="4">评价人签字：蒋迪　　　　2020 年 8 月 9 日</td></tr>
</table>

表 2.3-5　培训效果评价表（个人）

编号：××AQ03-05

单位（项目部）：吉林西部供水工程（乾安片区）施工二标段

学员姓名	李越	岗位	安全员	部门	安全科	培训班名称	安全生产知识培训
培训有效性评价	请在你认为的选项前打上“√”： 1. 培训的安排是否合理：☑ 合理　□较合理　□不合理 2. 培训内容是否符合培训需求：☑ 合理　□较合理　□不合理 3. 培训的组织和管理：☑ 好　□一般　□差 4. 培训的收获：□ 大　☑ 一般　□差 5. 培训教师：☑ 满意　□较满意　□不满意						
意见或建议	单位：（盖章） 年　月　日						

注　此表由培训单位填写，由培训单位存档。

四、现 场 管 理

表 2.4-1　租赁施工设备台账

编号：××AQ04-01

项目名称：吉林西部供水工程（乾安片区）施工二标段

序号	设备名称	规格型号	制造厂商	租赁单位	设备编号	租金/（元/月）	使用情况	进场时间	备注
1	履带式推土机	SD16T	山推工程机械	松辽水电开发公司	T1	17000	正常使用	2020-8-6	新进场，2020年12月10日离场
2	液压挖掘机	DH258LC-7	斗山工程机械	松辽水电开发公司	W1	30000	正常使用	2020-8-6	新进场，2020年12月15日离场
3	自卸汽车	BJ3258DLPKE	北汽福田	松辽水电开发公司	Z1	21000	正常使用	2020-8-6	新进场，2020年12月10日离场
4	自卸汽车	BJ3258DLPKE	北汽福田	松辽水电开发公司	Z2	21000	正常使用	2020-8-6	新进场，2020年12月10日离场
5	混凝土运输罐车	HJC-6	金隆机械	松辽水电开发公司	H1	24000	正常使用	2020-9-25	新进场，2020年11月10日离场
6	吊车	50T	三一重工	松辽水电开发公司	D1	45000	正常使用	2020-10-5	新进场，2020年11月10日离场
7	……	……	……	……	……	……	……	……	……

填表人：李越　　　　填表日期：2020年12月30日

表 2.4-2 设备进场安全验收记录

编号：××AQ04-02

项目名称：吉林西部供水工程（乾安片区）施工二标段

<table>
<tr><td>设备名称：履带式推土机</td><td>型号规格：SD16T</td><td colspan="2">设备编码：T1</td></tr>
<tr><td colspan="2">验收内容：</td><td>检查结果</td><td>备注</td></tr>
<tr><td colspan="2">1. 机容机貌外观整洁，外壳、护罩无明显变形，开关、手柄完好无破损，电源线、控制线外皮无龟裂、老化，线路连接牢固，绝缘良好无裸露</td><td>合格</td><td></td></tr>
<tr><td colspan="2">2. 机体结构各部位完好齐全，机体部分无明显变形，焊接部分无开焊、裂纹，各部位连接牢固，无铁丝代替紧固螺栓或开口销</td><td>合格</td><td></td></tr>
<tr><td colspan="2">3. 工作装置传动机构运转灵活，无卡阻、无异响，整机运行平稳，噪声低，工作性能与机型相符，能满足施工需要</td><td>合格</td><td></td></tr>
<tr><td colspan="2">4. 安全防护装置各种安全防护罩、壳齐全有效，限位器灵敏可靠，制动器操作灵活，制动安全可靠</td><td>合格</td><td></td></tr>
<tr><td colspan="2">5. 备件齐全</td><td>合格</td><td></td></tr>
<tr><td colspan="4">6. 另附技术资料：产品合格证、产品许可证、使用说明书</td></tr>
<tr><td>验收人签名</td><td colspan="3">其他参加验收人员：
苏生、李越、姜军
验收记录人：李越
2020 年 8 月 6 日</td></tr>
</table>

表 2.4-3　设备安全运转检查记录

编号：××AQ04-03

项目名称：吉林西部供水工程（乾安片区）施工二标段

机械名称		履带式推土机			机械编号	T1	
日期	运转前检查是否正常	故障处理措施	工作起止时间	工作内容	机械运转状况	操作人员	备注
8月10日	正常	无	6时0分—18时20分	推土、摊平、碾压	良好	赵全	
……	……	……	……	……	……	……	……

填表人：赵全　　　　旁站检查人：李越

表 2.4-4　施工设备巡检记录

编号：××QA04-04

单位（项目部）：吉林西部供水工程（乾安片区）施工二标段

序号	巡检情况（设备缺陷、存在隐患等）	处理情况
1	W1 挖掘机油压过高	滤网堵塞，更换滤网
2	……	……

巡检人：李越　　　　日期：2020 年 9 月 4 日

表 2.4-5 施工设备专项检查表

编号：××AQ04-05

单位（项目部）：吉林西部供水工程（乾安片区）施工二标段

<table>
<tr><td colspan="2">设备名称</td><td>履带式推土机</td><td rowspan="2">自编号</td><td rowspan="2">T1</td><td>生产厂家</td><td>山推工程机械</td><td>设备状况</td><td>良好</td></tr>
<tr><td colspan="2">型号规格</td><td>SD16T</td><td>检查日期</td><td>2020 年 8 月 31 日</td><td>操作人员</td><td>赵全</td></tr>
<tr><td colspan="2">结果表示</td><td colspan="7">合格：√；无此项：/；不合格：×</td></tr>
<tr><td colspan="2">项目</td><td colspan="7">检 查 内 容</td></tr>
<tr><td>1</td><td>操作管理</td><td colspan="6">操作人员经培训考试合格，持证上岗；安全操作规程、机械维修检查和交接班制度健全</td><td>√</td></tr>
<tr><td>2</td><td>设备外观</td><td colspan="6">油漆、驾驶室、大厢、倒车镜</td><td>√</td></tr>
<tr><td>3</td><td>动力系统</td><td colspan="6">启动正常，加速性好，机油压力正常，水温正常，发动机无异响，无漏水、漏气、漏油现象</td><td>√</td></tr>
<tr><td>4</td><td>液压系统</td><td colspan="6">液压系统各部装置安全可靠</td><td>√</td></tr>
<tr><td>5</td><td>操纵系统</td><td colspan="6">各操纵杆动作灵活有效，工作可靠</td><td>√</td></tr>
<tr><td>6</td><td>回转系统</td><td colspan="6">各传动部件、齿轮结合平稳、无异响；回转时机身平稳，无冲击摆动状态</td><td>√</td></tr>
<tr><td>7</td><td>电气系统</td><td colspan="6">各仪表工作正常，显示准确，操纵开关灵活，灯光系统齐全可靠，发电机工作正常</td><td>√</td></tr>
<tr><td colspan="2">检查意见</td><td colspan="7"></td></tr>
</table>

检查人：李越　　　　被检查人：赵全

表 2.4-6　施工设备性能及运行环境检查表

编号：××AQ04-06

单位（项目部）：吉林西部供水工程（乾安片区）施工二标段

<table>
<tr><td>设备名称</td><td>履带式推土机</td><td rowspan="2">自编号</td><td rowspan="2">T1</td><td>生产厂家</td><td>山推工程机械</td><td>设备状况</td><td>良好</td></tr>
<tr><td>型号规格</td><td>SD16T</td><td>检查日期</td><td>2020 年 8 月 11 日</td><td>操作人员</td><td>赵全</td></tr>
<tr><td>结果表示</td><td colspan="7">合格：√；无此项：/；不合格：×</td></tr>
<tr><td>项目</td><td colspan="3">检　查　内　容</td><td colspan="4">检查问题及处理情况</td></tr>
<tr><td>1</td><td colspan="2">设备金属结构、运转机构、电气控制系统无缺陷，各部位润滑良好</td><td>√</td><td colspan="4"></td></tr>
<tr><td>2</td><td colspan="2">安全保护装置齐全可靠，防护罩、盖板、梯子、护栏完备可靠</td><td>√</td><td colspan="4"></td></tr>
<tr><td>3</td><td colspan="2">设备醒目的位置悬挂有标识牌、检验合格证及安全操作规程</td><td>×</td><td colspan="4">安全标牌不牢靠，重新安装加固</td></tr>
<tr><td>4</td><td colspan="2">设备干净整洁</td><td>√</td><td colspan="4"></td></tr>
<tr><td>5</td><td colspan="2">基础、轨道符合要求</td><td>√</td><td colspan="4"></td></tr>
<tr><td>6</td><td colspan="2">作业区域无障碍物，满足安全运行要求</td><td>√</td><td colspan="4"></td></tr>
<tr><td>7</td><td colspan="2">同一区域有两台以上设备运行可能发生碰撞时，制定相应的安全措施</td><td>√</td><td colspan="4"></td></tr>
</table>

检查人：李越

表 2.4-7　现场施工设备维护保养记录

编号：××AQ04-07

单位（项目部）：吉林西部供水工程（乾安片区）施工二标段

设备名称	履带式推土机			规格型号	SD16T		设备编号		T1
序号	保养日期	维护保养内容							维保人（签字）
		整机清洁	加润滑油	调整紧固	防腐	电气线路维护	更换易损件	更换冷却剂、油	
1	2020 年 8 月 8 日	已完成	已完成	已完成			已完成	已完成	赵全
2	2020 年 8 月 10 日	已完成		已完成		已完成			赵全
3	2020 年 8 月 18 日	已完成							赵全
4	2020 年 8 月 26 日	已完成		已完成					赵全
5	2020 年 8 月 30 日	已完成			已完成		已完成		赵全
6	……	……	……	……	……	……	……	……	……

表 2.4-8　施工设备综合检查表

编号：××AQ04-08

单位（项目部）：吉林西部供水工程（乾安片区）施工二标段

被检查项目部		乾安二标项目部	检查日期	2020 年 10 月 1 日
1	设备档案	设备档案是否齐全	齐全 ☑　不齐全□	
2	设备管理机构	设备管理机构是否建立	建立 ☑　未建立□	
		是否配备专（兼）职设备管理人员	配备 ☑　未配备□	
3	项目部设备管理情况	是否按频次开展设备检查	是□　否 ☑	
		项目部专项检查和周期性检查，是否包含租赁设备	是□　否 ☑	
		对检查出的问题是否及时整改	是□　否 ☑	
		是否对进场设备进行检查验收	是□　否 ☑	
		是否制定设备维护保养计划	是□　否 ☑	
		是否严格按维护保养计划进行维保	是□　否 ☑	
		设备维修后是否组织验收	是□　否 ☑	
		租赁设备是否签订租赁合同	是□　否□	
4	设备运行环境	设备金属结构、运转机构、电气控制系统是否有缺陷	是 ☑　否□	
		安全保护装置是否安全可靠	是 ☑　否□	
		设备醒目位置是否悬挂检验合格证和操作规程	是 ☑　否□	
		设备外观是否干净整洁	是□　否 ☑	
		操作人员是否持证上岗	是 ☑　否□	
		作业区域是否有障碍物	是□　否 ☑	
存在的问题： 1.设备维修保养后未按规定组织验收； 2.挖掘机 W1、自卸车 Z1 外观不整洁				
整改意见： 1.设备保养后及时按规定组织验收，验收合格后方可投入使用； 2.对外观不干净整洁设备停工进行清理，确保达到外观要求后投入使用				
检查人员（签字）：张洪海、杨帆、栾万昌、田地				

表 2.4-9　施工机械周期性检查表

编号：××AQ04-09

单位（项目部）：吉林西部供水工程（乾安片区）施工二标段

工程名称	人工湖至东侧现有泡塘工程段	检查时间	2020 年 8 月 31 日
检查内容	现场挖掘机、推土机、自卸车等设备金属结构、运转机构、电气控制系统是否有缺陷，外观是否干净整洁，维修保养是否及时，安全警示标志是否悬挂到位，操作人员是否熟记操作规程		
检查情况	设备运转情况良好，外观整洁，保养及时，安全警示标志悬挂到位，操作人员对安全操作规程的学习还有待提高		
检查意见	1.保持现场设备安全运转； 2.加强操作人员的日常教育； 3.加强安全操作规程的学习		
检查人员签字	苏生、李越、姜军、李林政		
被检查人签字	赵全、张伟、李冬		

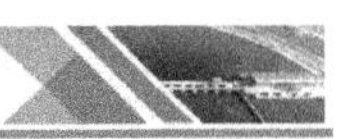

表 2.4-10　现场安全设施管理台账

编号：××AQ04-10

项目名称：吉林西部供水工程（乾安片区）施工二标段

序号	名称	位置	厂内编号	运行情况	投用时间	检验周期	停用时间	检验情况	负责人
1	危险源告知牌	渠道、建筑物	001	正常运行	2020-8-1	7 天/次	2020-12-15	合格	蒋迪
2	灭火器	办公、厨房、建筑物	002	正常运行	2020-8-1	1 月/次	2020-12-15	合格	蒋迪
3	吊装带	渠道	003	正常运行	2020-9-25	7 天/次	2020-12-5	合格	蒋迪
4	彩条布	建筑物基坑	004	正常运行	2020-10-4	7 天/次	2020-12-15	合格	蒋迪
5	警示带	建筑物基坑	005	正常运行	2020-10-4	7 天/次	2020-12-15	合格	蒋迪
6	防护网	建筑物基坑	006	正常运行	2020-10-4	7 天/次	2020-12-15	合格	蒋迪
7	安全绳	建筑物基坑	007	正常运行	2020-10-4	7 天/次	2020-12-15	合格	蒋迪
8	围挡	建筑物基坑	008	正常运行	2020-10-4	7 天/次	2020-12-15	合格	蒋迪
……	……	……	……	……	……	……	……	……	……

填表人：李越　　　　填表日期：2020 年 12 月 30 日

表 2.4-11　施工现场检查记录

编号：××AQ04-11

项目名称：吉林西部供水工程（乾安片区）施工二标段

<table>
<tr><td colspan="2">工程名称：人工湖至东侧现有泡塘工程段</td></tr>
<tr><td>检查日期：2020 年 9 月 1 日</td><td>作业过程：土方填筑</td></tr>
<tr><td colspan="2">施工情况：

已完成清基、渠道土方填筑、混凝土护脚工程</td></tr>
<tr><td>检　查　内　容</td><td>是√；否×</td></tr>
<tr><td>1.施工总体布局与分区是否合理，规范有序</td><td>√</td></tr>
<tr><td>2.是否符合国家安全文明施工、交通、消防、职业卫生、环境保护等有关规定</td><td>√</td></tr>
<tr><td>3.施工道路完好通畅</td><td>√</td></tr>
<tr><td>4.消防设施齐全完好</td><td>×</td></tr>
<tr><td>5.施工、办公和生活用房严格按规范建造，无乱搭乱建</td><td>√</td></tr>
<tr><td>6.风、水、电管线、通信设施、施工照明等布置合理规范</td><td>√</td></tr>
<tr><td>7.现场材料、设备按规定定点存放，摆放有序，并符合消防要求</td><td>√</td></tr>
<tr><td>8.及时清除施工场所废料或垃圾，做到“工完、料尽、场地清”</td><td>×</td></tr>
<tr><td>9.设施设备、安全文明施工、交通、消防及紧急救护标志、标识清晰、齐全</td><td>√</td></tr>
<tr><td>10.施工现场卫生、急救、保健设施满足需求</td><td>√</td></tr>
<tr><td>11.施工生产区、生活区、办公区环境卫生符合有关规定</td><td>√</td></tr>
<tr><td colspan="2">存在问题：
1.灭火器摆放不到位；
2.混凝土废料未及时清理</td></tr>
<tr><td colspan="2">处理情况：
1.按标准重新放置灭火器；
2.对剩余混凝土废料每天及时清除</td></tr>
<tr><td colspan="2">自检人员：苏生、李越、姜军、李林政

2020 年 9 月 1 日</td></tr>
</table>

表 2.4-12　专项施工方案监督检查记录

编号：××AQ04-12

项目名称：吉林西部供水工程（乾安片区）施工二标段

<table>
<tr><td>工程名称：人工湖至东侧现有泡塘工程段</td><td>方案名称：土方开挖工程专项施工方案</td></tr>
<tr><td>监督日期：2020 年 10 月 8 日</td><td>天　　气：晴</td></tr>
<tr><td colspan="2">旁站部位及工序：
1. 渠道土方开挖
2. ……</td></tr>
<tr><td colspan="2">施工情况：
正常</td></tr>
<tr><td colspan="2">检查内容：
开挖深度、边坡稳定性、警示标识、周围防护设施完好性</td></tr>
<tr><td colspan="2">存在问题：</td></tr>
<tr><td colspan="2">处理情况：</td></tr>
<tr><td colspan="2">检查人员：
李越、苏生
2020 年 10 月 8 日</td></tr>
</table>

表 2.4-13　专项施工方案专家论证审查表

编号：××AQ04-13

项目名称：吉林西部供水工程（乾安片区）施工二标段

<table>
<tr><td colspan="2">工程名称</td><td colspan="3">吉林西部供水工程乾安二标建筑物</td></tr>
<tr><td colspan="2">工程详细地址</td><td colspan="3">本工程位于吉林省松原市乾安县</td></tr>
<tr><td colspan="2">专项方案名称</td><td colspan="3">土方开挖工程施工方案</td></tr>
<tr><td colspan="2">施工单位</td><td colspan="3">松辽水利水电开发有限责任公司</td></tr>
<tr><td colspan="2">论证会召集单位</td><td colspan="3">松辽水利水电开发有限责任公司</td></tr>
<tr><td colspan="2">论证会时间</td><td>2020 年 9 月 30 日</td><td>论证会地点</td><td>乾安二标项目部会议室</td></tr>
<tr><td colspan="5">专家组意见：
同意
2020 年 9 月 30 日
备注：1.专项方案详细情况见专项方案书</td></tr>
<tr><td colspan="5">专　家　签　名</td></tr>
<tr><td>序号</td><td>姓　名</td><td>职　称</td><td colspan="2">单　位</td></tr>
<tr><td>1</td><td>×××</td><td>高级工程师</td><td colspan="2">×××</td></tr>
<tr><td>2</td><td>×××</td><td>高级工程师</td><td colspan="2">×××</td></tr>
<tr><td>3</td><td>×××</td><td>高级工程师</td><td colspan="2">×××</td></tr>
<tr><td>4</td><td>×××</td><td>高级工程师</td><td colspan="2">×××</td></tr>
<tr><td>5</td><td>×××</td><td>高级工程师</td><td colspan="2">×××</td></tr>
<tr><td>6</td><td></td><td></td><td colspan="2"></td></tr>
<tr><td colspan="5">安全行政主管部门参加人员：
张洪海、李越、杨帆、苏生</td></tr>
</table>

注　大型或较复杂施工方案应提前提交专家组成员。

表 2.4-14　危险性较大的专项施工方案专家论证审查表

编号：××AQ04-14

项目名称：吉林西部供水工程（乾安片区）施工二标段

序号	单项工程名称	监理审核日期	是否超过一定规模	专家是否论证	论证日期
1	土方开挖工程施工方案	2020-10-1	否	是	2020-9-30
2	……	……	……	……	……

注　本表一式____份，由施工单位填写，用于归档和备查。

表 2.4-15　危险性较大分部分项工程安全专项施工方案专家论证审查表

编号：××AQ04-15

项目名称：吉林西部供水工程（乾安片区）施工二标段

<table>
<tr><td colspan="5">一、工程基本情况</td></tr>
<tr><td>工程名称</td><td colspan="2">吉林西部供水工程乾安二标建筑物</td><td>地点</td><td>吉林省松原市乾安县</td></tr>
<tr><td>建设单位</td><td colspan="2">吉林省西部地区河湖连通供水工程建设局</td><td>施工单位</td><td>松辽水利水电开发有限责任公司</td></tr>
<tr><td colspan="5">超过一定规模的危险性较大的分部分项工程类别：基坑专项施工方案</td></tr>
<tr><td colspan="5">危险性较大工程基本情况：</td></tr>
<tr><td colspan="5">基坑</td></tr>
<tr><td colspan="5">二、参加专家论证会的有关人员（签名）</td></tr>
<tr><td>类别</td><td>姓名</td><td>单位（全称）</td><td>学历/专业</td><td>职务/职称</td></tr>
<tr><td>专家组组长</td><td>×××</td><td>×××</td><td>硕士</td><td>高级工程师</td></tr>
<tr><td rowspan="4">专家组成员</td><td>×××</td><td>×××</td><td>硕士</td><td>高级工程师</td></tr>
<tr><td>×××</td><td>×××</td><td>大学本科</td><td>高级工程师</td></tr>
<tr><td>×××</td><td>×××</td><td>大学本科</td><td>高级工程师</td></tr>
<tr><td>×××</td><td>×××</td><td>大学本科</td><td>高级工程师</td></tr>
<tr><td>建设单位项目负责人或技术负责人</td><td>×××</td><td colspan="2">×××</td><td>高级工程师</td></tr>
<tr><td>监理单位项目总监理工程师</td><td>×××</td><td colspan="2">×××</td><td>高级工程师</td></tr>
<tr><td>监理单位专业监理工程师</td><td>×××</td><td colspan="2">×××</td><td>高级工程师</td></tr>
<tr><td>施工单位安全管理机构负责人</td><td>×××</td><td colspan="2">松辽水利水电开发有限责任公司</td><td>高级工程师</td></tr>
<tr><td>施工单位工程技术管理机构负责人</td><td>×××</td><td colspan="2">松辽水利水电开发有限责任公司</td><td>高级工程师</td></tr>
<tr><td>施工单位项目负责人</td><td>蒋迪</td><td colspan="2">松辽水利水电开发有限责任公司</td><td>高级工程师</td></tr>
<tr><td>施工单位项目技术负责人</td><td>秦希严</td><td colspan="2">松辽水利水电开发有限责任公司</td><td>高级工程师</td></tr>
<tr><td>专项方案编制人员</td><td>苏生</td><td colspan="2">松辽水利水电开发有限责任公司</td><td>工程师</td></tr>
<tr><td>项目专职安全生产管理人员</td><td>李越</td><td colspan="2">松辽水利水电开发有限责任公司</td><td>工程师</td></tr>
<tr><td>设计单位项目技术负责人</td><td>×××</td><td colspan="2">×××</td><td>工程师</td></tr>
<tr><td>其他有关人员</td><td></td><td colspan="2"></td><td></td></tr>
</table>

（第 1 页）

续表 2.4-15

<table>
<tr><td>三、专家组审查综合意见及修改完善情况</td></tr>
<tr><td>专家组审查意见：

同意

论证结论：☑ 通过　　□修改通过　　□不通过

专家签名：×××　　　　专家组组长（签名）：×××

2020 年 10 月 6 日</td></tr>
<tr><td>施工单位就专家论证意见对专项方案的修改情况：（对专家提出的意见逐条回复，可另附页）</td></tr>
<tr><td>施工单位（公章）：
项目负责人：蒋迪
单位技术负责人：秦希严
2020 年 10 月 6 日</td></tr>
<tr><td>监理单位对修改情况的审核意见：

同意

专业监理工程师：×××　　　　总监理工程师：×××

2020 年 10 月 6 日</td></tr>
<tr><td>项目法人对修改情况的核验意见：
同意
项目负责人（签名）：×××
（公章）：
2020 年 10 月 6 日</td></tr>
</table>

注　本表一式____份，由施工单位填写，监理机构、项目法人签署意见后，施工单位、监理单位、项目法人各 1 份。

（第 2 页）

表 2.4-16　施工组织设计（方案）审批记录

编号：××AQ04-16

项目名称：吉林西部供水工程（乾安片区）施工二标段

<table>
<tr><td>工程名称：吉林西部供水工程乾安二标段</td><td>建设单位：×××</td></tr>
<tr><td>项目类型：新建项目</td><td>工程地点：吉林省松原市乾安县</td></tr>
<tr><td colspan="2">我项目部根据施工合同和施工图设计的要求已完成了吉林西部供水工程（乾安片区）施工二标段施工组织设计（方案）的编制，请公司技术部门组织审查批准。
附：施工组织设计（方案）。

编制人：苏生
2019 年 10 月 9 日</td></tr>
<tr><td colspan="2">审批意见：

经审查，同意该施工组织设计（方案）

公司技术负责人：秦希严
2020 年 10 月 11 日</td></tr>
</table>

表 2.4-17　旁站监督、巡视记录

编号：××AQ04-17

项目名称：吉林西部供水工程（乾安片区）施工二标段

<table>
<tr><td>旁站项目</td><td colspan="3">路下涵 2+441</td><td>旁站人</td><td>李越</td></tr>
<tr><td>施工内容
及设备</td><td colspan="5">施工内容：浇筑混凝土垫层
设备：挖掘机、发电机</td></tr>
<tr><td colspan="6">旁站、巡视情况</td></tr>
<tr><td>序号</td><td>巡视日期</td><td>巡视时段</td><td>巡视情况</td><td>存在的问题</td><td>整改情况</td></tr>
<tr><td>1</td><td>2020 年 10 月 9 日</td><td>6:00—11:30</td><td>已巡视</td><td></td><td></td></tr>
<tr><td>2</td><td>2020 年 10 月 9 日</td><td>13:00—18:00</td><td>已巡视</td><td></td><td></td></tr>
<tr><td>……</td><td>……</td><td>……</td><td>……</td><td>……</td><td>……</td></tr>
<tr><td></td><td></td><td></td><td></td><td></td><td></td></tr>
<tr><td></td><td></td><td></td><td></td><td></td><td></td></tr>
<tr><td></td><td></td><td></td><td></td><td></td><td></td></tr>
<tr><td></td><td></td><td></td><td></td><td></td><td></td></tr>
<tr><td></td><td></td><td></td><td></td><td></td><td></td></tr>
<tr><td></td><td></td><td></td><td></td><td></td><td></td></tr>
<tr><td></td><td></td><td></td><td></td><td></td><td></td></tr>
<tr><td></td><td></td><td></td><td></td><td></td><td></td></tr>
<tr><td></td><td></td><td></td><td></td><td></td><td></td></tr>
</table>

注　本表由项目部填写，用于专项施工方案实施监督巡视。

表 2.4-18　防护设施检查验收记录

编号：××QA04-18

项目名称：吉林西部供水工程（乾安片区）施工二标段

<table>
<tr><td colspan="2">工程名称</td><td colspan="2">吉林西部供水工程（乾安片区）施工二标段</td></tr>
<tr><td>序号</td><td>验收项目</td><td>验收内容</td><td>验收结果</td></tr>
<tr><td>1</td><td>安全帽
安全带
安全网</td><td>安全帽、安全带符合国标要求并有质保书，产品合格证，工人应能正确使用。安全网符合国标要求并有产品合格证书</td><td></td></tr>
<tr><td rowspan="3">2</td><td rowspan="3">楼梯口防护</td><td>楼梯口、梯段边必须设置牢靠的防护栏杆</td><td>—</td></tr>
<tr><td>防护栏杆由上、下两道横杆及栏杆柱组成，上杆离地高度为 1.0～1.2m，下杆离地为 0.5～0.6m，横杆长度大于 2m 时，加设栏杆柱</td><td>—</td></tr>
<tr><td>防护栏杆用材要求：毛竹小头直径应大于 7cm；原木梢径应大于 6cm；钢管为直径 4.8×(2.75～3.50)mm 的管材；钢筋上杆直径应大于 16mm，下杆直径应大于 14mm，栏杆柱直径应大于 18mm</td><td>—</td></tr>
<tr><td>3</td><td>电梯口防护</td><td>电梯井口应设可靠的防护栏杆或固定栅门。梯井内每隔两层或每高 10m 设一道安全平网</td><td>—</td></tr>
<tr><td>4</td><td>预留洞口防护（边长≥1.5m）</td><td>洞口四周应设可靠的防护栏杆和和 18cm 高的挡脚板，洞口下挂设安全平网。防护栏杆设置及用材与楼梯口的防护要求相同</td><td>—</td></tr>
<tr><td>5</td><td>预留洞口防护（边长<1.5m）</td><td>洞口应用坚实的盖板盖没或采用钢板、钢筋构成防护网格，满铺脚手板，并有固定措施，防止挪动、移动</td><td>—</td></tr>
<tr><td>6</td><td>基槽坑井</td><td>桩孔上口，杯形、条形基础上口，未填土的坑槽，以及上人孔、天窗、地板门等处，均应按洞口防护要求设置防护装置；通道附近的各类洞口与坑槽等处，除设置防护设施与安全标志外，夜间还应设红灯示警</td><td></td></tr>
<tr><td>7</td><td>通道、机械设备操作防护棚</td><td>塔吊回转半径内的生活区、作业区及通道，机械设备操作区应搭设防护棚。有专门搭设方案。杆件搭接长度符合要求，架体自成独立系统不得与脚手架连接。双层防护棚应采用 5cm 的木板与竹笆，双层棚之间高差大于 600cm</td><td>—</td></tr>
<tr><td rowspan="2">8</td><td rowspan="2">阳台、楼板、屋面等临边防护</td><td>阳台、楼板、屋面等临边应设置可靠的防护栏杆。防护栏杆设置及用材与楼梯口防护要求相同</td><td>—</td></tr>
<tr><td>坡度大于 1.22 的屋面，防护栏杆高度为 1.5m，并挂设密目式安全网</td><td>—</td></tr>
</table>

<table>
<tr><td rowspan="6">检查验收意见：
经检查验收各项防护设施均符合要求，同意移交使用。
2020 年 8 月 7 日</td><td>项目负责人</td><td>蒋迪</td></tr>
<tr><td>技术负责人</td><td>秦希严</td></tr>
<tr><td>安装负责人</td><td>李林政</td></tr>
<tr><td>施工员</td><td>姜军</td></tr>
<tr><td>安全员</td><td>李越</td></tr>
<tr><td>质检员</td><td>庞秋实</td></tr>
</table>

注　1. 本表由项目部填写。

2. 本表用于安全防护设施的验收和日常检查。

表 2.4-19　电焊作业专项安全检查记录

编号：××AQ04-19

检查时间：2020 年 10 月 10 日

<table>
<tr><td colspan="2">使用位置</td><td>钢筋加工场地</td><td>操作人</td><td>吕文峰</td><td>检查得分</td><td></td></tr>
<tr><td colspan="2">检查项目</td><td colspan="3">检查内容及要求</td><td>实际分值</td><td>检查分值</td></tr>
<tr><td rowspan="2">1</td><td rowspan="2">电焊机安装与验收</td><td colspan="3">有完整的防护外壳和符合要求的电气装置，各部件完整，有验收合格手续、签字齐全</td><td rowspan="2">10</td><td rowspan="2">10</td></tr>
<tr><td colspan="3">电焊机安装后无验收合格手续的扣 10 分</td></tr>
<tr><td rowspan="4">2</td><td rowspan="4">防护装置</td><td colspan="3">开关箱内设有触电保护器，设置二次空载降压保护</td><td rowspan="4">20</td><td rowspan="4">20</td></tr>
<tr><td colspan="3">电焊机一次、二次线接线柱防护罩齐全</td></tr>
<tr><td colspan="3">电焊机设有良好的保护接零（或保护接地），且接触良好，禁止连接建筑物的金属构架做焊接回路</td></tr>
<tr><td colspan="3">未作保护接零、无漏电保护器的扣 5 分；无二次空载降压保护的扣 5 分</td></tr>
<tr><td>3</td><td>焊钳</td><td colspan="3">焊钳加紧力较好，绝缘可靠，隔热层完好</td><td>10</td><td>10</td></tr>
<tr><td rowspan="4">4</td><td rowspan="4">导线</td><td colspan="3">电焊机必须装有专用电源开关，使用自动开关控制，电源线一次线长度不得大于 5m，且穿管保护</td><td rowspan="4">20</td><td rowspan="4">20</td></tr>
<tr><td colspan="3">焊接二次线长度不得大于 30m，接头不允许超过 3 处</td></tr>
<tr><td colspan="3">焊钳与把线绝缘良好，连接牢固，不得使用钢丝绳或机电设备代替零线</td></tr>
<tr><td colspan="3">一次线长度超过规定或不穿管的扣 5 分；焊把线接头超过三处或绝缘老化的扣 3 分；电源不使用自动开关的扣 3 分</td></tr>
<tr><td>5</td><td>电焊机绝缘</td><td colspan="3">一次、二次绕组绝缘电阻大于或等于 1MΩ</td><td>10</td><td>10</td></tr>
<tr><td rowspan="2">6</td><td rowspan="2">使用环境</td><td colspan="3">电焊机使用场所清洁，无严重的粉尘，周围 10m 范围内不得存放氧气、乙炔等易燃易爆物品，不得在下方有易燃物品的高空施焊，配备消防用品</td><td rowspan="2">10</td><td rowspan="2">10</td></tr>
<tr><td colspan="3">无消防用品的扣 3 分</td></tr>
<tr><td rowspan="2">7</td><td rowspan="2">焊机安放</td><td colspan="3">电焊机有完整的防护外壳，设有防雨、防潮、防晒机棚</td><td rowspan="2">10</td><td rowspan="2">10</td></tr>
<tr><td colspan="3">电焊机无防雨罩的扣 3 分</td></tr>
<tr><td>8</td><td>个人防护</td><td colspan="3">佩戴面罩或防护眼镜，戴电焊手套，穿绝缘鞋</td><td>10</td><td>10</td></tr>
<tr><td>参加人员</td><td colspan="2">项目负责人：蒋迪
施工负责人：苏生
机械负责人：李林政
安全负责人：李越</td><td colspan="4">检查结果及整改意见：</td></tr>
</table>

记录人：李越

表 2.4-20 绝缘电阻测试记录

编号：××AQ04-20

检测时间：2020 年 10 月 7 日

工程名称	路下涵工程	仪表型号	500V 兆欧表
天　气	晴	气温	14℃
检测人	李越	负责人	丛文峰

序号	设备名称	型号规格	额定电压/V	电阻值/MΩ		
				外壳	相间	一次、二次绕组
1	瑞凌直流焊机	Z×7-400GS	220			一次 1MΩ； 二次 0.5MΩ
2	……	……	……	……	……	……

注　变压器、电焊机以及绕线式电动机应检测一次、二次绕组绝缘电阻。

表 2.4-21　施工现场照明检查记录

编号：××AQ04-21

地点（部位）：钢筋加工场地　　　　检查时间：2020 年 10 月 9 日

检查项目	检查内容及要求	检查结果
安全距离	灯具：①室内 220V 灯具距地面＞2.5m，室外 220V 灯具距地面＞3m；②普通灯具与易燃物＞300mm，聚光灯、碘钨灯等高热灯具＞500mm，切不得直接照射易燃物；③碘钨灯及纳、铊等金属卤化物灯具的安装高度在 3m 以上，灯线固定在接线柱上，不得靠近灯具表面；④灯具相线必须经开关控制	合格
	开关：①拉线开关距地面 2～3m，与出入口水平距离 0.15～0.2m；②其他开关距地面为 1.3m，与出入口水平距离 0.15～0.2m	
安全电压	1.下列特殊场所应使用安全特低电压照明：①隧道、人防工程、高温、有导电灰尘、比较潮湿或灯具距地面低于 2.5m，应使用 36V；②潮湿和易触及带电体场所，应使用 24V；③特别潮湿、导电良好的地面、锅炉或金属容器内，应使用 12V 安全电压。	合格
	2.使用行灯应符合下列要求：①电压＜36V；②灯体与手柄应坚固、绝缘良好、耐热耐潮湿；③灯头与灯体结合牢固，灯头无开关；④灯泡外部有金属保护网；⑤金属网、反光罩、悬吊挂钩固定在灯具的绝缘部位	
照明系统	1.照明变压器必须使用双绕组型安全隔离变压器，严禁使用自耦变压器	合格
	2.照明系统宜使用三相负荷平衡，其中每一单相回路上，灯具和插座不宜超 25 个，负荷电流不宜超 15A	
	3.工作零线截面按下列规定选择：①单相二线及二相二线线路，零线截面和相线截面相同；②三相四线线路中，用白炽灯时，零线截面不小于相线的 50%；用气体放电灯时，零线截面按最大负载相的电流选择；③在逐项切断的三相照明线路中，零线截面与最大负载相线截面相同	

检查人员：

项目负责人：蒋迪　　　　施工负责人：苏生　　　　机械负责人：李林政

安全负责人：李越　　　　水电班负责人：丛文峰

存在问题及整改意见：

记录人：李越

表 2.4-22　施工用电检查评分表

编号：××AQ04-22

序号	检查项目	扣 分 标 准	应得分数	扣减分数	实得分数
1	外电防护	1.小于安全距离又无防护措施的扣 20 分； 2.在建工程（含脚手架）的周边与架空线的边线之间的最小安全距离； 3.施工现场的机动车道与架空线路交叉时的最小垂直距离； 4.起重机与架空线路边线的最小安全距离； 5.防护设施与外电线路之间的最小安全距离防护措施不符合要求，封闭不严密的扣 5～10 分； 6.电气设备现场周围不得存放易燃、易爆、污染源和腐蚀介质； 7.电气设备设置现场应避免物体打击和机械损伤	20	5	15
2	接地与接零保护系统	1.工作接地与重复接地不符合要求的扣 7～10 分； 2.未采用 TN-S 系统的扣 10 分； 3.专用保护零线设置不符合要求的扣 5～8 分； 4.保护零线与工作零线混接的扣 10 分	10		10
3	配电箱开关箱	1.不符合“三配电两级保护”要求的扣 10 分； 2.开关箱（末级）无漏电保护或保护器失灵，每一处扣 5 分； 3.漏电保护装置参数不匹配，每发现一处扣 2 分； 4.电箱内无隔高开关每一处扣 2 分； 5.违反“一机、一闸、一漏、一箱”的每一处扣 5～7 分； 6.安装位置不当、周围杂物多等不便操作的每一处扣 5 分； 7.闸具损坏、闸具不符合要求的每一处扣 5 分； 8.配电箱内多路配电无标记的每一处扣 5 分； 9.电箱下引出线混乱的每一处扣 2 分； 10.电箱无门、无锁、无防雨措施的每一处扣 2 分	20	2	18
4	现场照明	1.照明专用回路无漏电保护的扣 5 分； 2.灯具金属外壳未作接零保护的每一处扣 2 分； 3.室内线路及灯具安装高度低于 2.4m 未使用安全电压； 4.供电的扣 10 分； 5.潮湿作业未使用 36V 以下安全电压的扣 10 分； 6.使用 36V 安全电压照明线路混乱和接头处未用绝缘布包扎的扣 5 分； 7.手持照明灯未使用 36V 及以下电源供电的扣 10 分	10		10
	小计		60	7	53

（第 1 页）

续表 2.4-22

序号	检查项目	扣 分 标 准	应得分数	扣减分数	实得分数
5	配电线路	1.电线老化、破皮未包扎的每一处扣 10 分； 2.线路过道无保护的每一处扣 5 分； 3.电杆、横担不符合要求的扣 5 分； 4.架空线路不符合要求的扣 7～10 分； 5.未使用五芯线（电缆）的扣 10 分； 6.使用四芯电缆外加一根线替代五芯电缆的扣 10 分； 7.电缆架设或埋设不符合要求的扣 7～10 分	15		15
6	电器装置	1.闸具、熔断器参数与设备容量不匹配、安装不合要求的每一处扣 3 分； 2.用其他金属丝代替熔丝的扣 10 分	10		10
7	变配电装置	不符合安全规定的扣扣 3 分	5		5
8	用电档案	1.无专项用电施工组织设计的扣 10 分； 2.无地极阻值摇测记录的扣 4 分； 3.无电工巡视维修记录或填写不真实的扣 4 分； 4.档案乱、内容不全、无专人管理的扣 3 分	10	3	7
小计			40	3	37
检查项目合计			100	10	90
检查人员	项目负责人：蒋迪　　施工负责人：苏生 机械负责人：李林政　　安全负责人：李越				
检查结果及整改意见： 1. 防护设施封闭不严；配电箱未上锁；归档不及时； 2. 整改意见：立即整改，使之符合规定					

记录人：李越　　　　检查时间：　2020 年 10 月 9 日

（第 2 页）

表 2.4-23　施工现场临时用电检查记录

编号：××AQ04-23

工程名称：吉林西部供水工程（乾安片区）施工二标段　　检查日期：2020 年 10 月 9 日

天气：晴

设备名称	电机数据			绝缘电阻		接地（零）线		防雷接地电阻/Ω	漏电开关		外绝缘层检查
	功率/kW	相数/相	电压/V	绕组对壳/MΩ	相间/MΩ	接地（零）线电阻/Ω	截面积/mm²		动作时间/s	动作电流/mA	
发电机 BC-50GF	50	三	380	0.8	0.8	3	1.5	25	0.1	30	完好
……	……	……	……	……	……	……	……	……	……	……	……

兆欧表型号：DMG2670F	电压：380V	检查电工签名：丛文峰	电气负责人签名：丛文峰

注 1. 本表一式 1 份，由施工单位填写，用于存档和备查。

2. 绝缘电阻>0.5MΩ，接地（零）电阻≤4Ω，防雷接地电阻≤30Ω，重复接地电阻≤10Ω。

表 2.4-24　施工现场临时用电设备明细

编号：××AQ04-24

工程名称：吉林西部供水工程（乾安片区）施工二标段

序号	设备名称	数量/台	设备数据					总容量/kW	备注
			容量/kW	相数/相	功率因数	电压/V	暂载率/%		
1	电焊机	2	25	3	0.5	220	—	50	
2	发电机	1	65	3	0.85	380	25	65	
…	……	…	…	…	…	…	…	…	……

总容量合计	151.1 kW	填表人	李越
电气负责人	丛文峰	填表日期	2020 年 10 月 8 日

表 2.4-25　施工现场临时用电验收记录

编号：××AQ04-25

工程名称	吉林西部供水工程（乾安片区）施工二标段		
序号	检查项目	检查内容与要求	验收结果
一	资料	电工持特种作业人员操作资格证书	合格
		施工现场临时用电设备在 5 台及以上或设备总容量在 50kW 及以上者，应编制用电组织设计	合格
		临时用电组织设计及变更时，必须履行“编制、审核、批准”程序，由电气工程技术人员组织编制，经相关部门审核、技术负责人批准后实施。变更用电组织设计时应补充有关图纸资料	合格
二	外电防护与配电线路	不得在外电架空线路正下方施工、搭设作业棚、建造生活设施或堆放构件、架具、材料及其他杂物	合格
		工程周边（含脚手架具）、机动车道、起重机、现场开挖沟槽的边缘与外电架空线路之间的最小安全操作距离，必须符合相关规范的规定	合格
		架空线必须采用绝缘导线，设在专用电杆上，导线截面的选择、敷设方式、断路保护器必须符合相关规范的规定	合格
		电缆中必须包含全部工作芯线和用作保护零线和工作零线的芯线。需要三相四线制配电的电缆线路必须采用五芯电缆，且各种绝缘芯线颜色必须正确	合格
		电缆线路应采用埋地或架空敷设，严禁沿地面明设，并应避免机械损伤和介质腐蚀，埋地电缆路径应设方位标志	合格
三	接地与防雷	TN-S 接零保护系统中，电气设备的金属外壳必须与专用保护零线连接。保护零线应由工作接地线、配电室（总配电箱）电源侧零线或总漏电保护器电源侧零线处引出，与外电线路共用同一供电系统时，电气设备的接地、接零保护与原系统保持一致	合格
		TN 系统中的保护零线除必须在配电室或总配电箱处做重复接地外，还必须在配电系统的中间处和末端处做重复接地，重复接地电阻应不大于 10Ω	合格
四	配电室及自备电源	配电柜装设电源隔离开关及短路、过载、漏电保护器电源隔离开关分断时应有明显分断点	合格
		发电机组并列运行时，必须装设同期装置，并在机组同步运行后再向负载供电	合格
五	配电箱及开关箱	配电系统应设置配电柜或总配电箱、分配电箱、开关箱，实行三级配电	合格
		每台用电设备必须有各自专用的开关箱，严禁用同一个开关箱直接控制 2 台及 2 台以上用电设备（含插座）	合格

（第 1 页）

续表 2.4-25

序号	检查项目	检查内容与要求	验收结果
五	配电箱及开关箱	漏电保护器的额定漏电动作电流、额定动作时间必须符合相关规范的规定	合格
		配电箱、开关箱的电源进线端严禁采用插头和插座活动连接	合格
		配电箱、开关箱、应配锁、安全标志、编号齐全，安装位置恰当、整齐，方便操作，周围无杂物。箱内电器设施完整、有效，参数与设备匹配，配电布置合理，并有标记	合格
		开关箱中漏电保护器的额定漏电动作电流≤30mA，额定漏电动作时间≤0.1s。使用于潮湿或有腐蚀介质场所的漏电保护器应采用防溅型产品，其额定漏电动作电流≤15mA，额定漏电动作时间≤0.1s。总配电箱中漏电保护器的额定漏电动作电流＞30mA，额定漏电动作时间＞0.1s，但其额定漏电动作电流与额定动作漏电时间的乘积≤30mA·s	合格
		箱体采用金属箱，底板用绝缘板或金属板，不允许用木板。配电箱的电器安装板上必须分设N线端子板和PE线端子板。N线端子板必须与金属电器安装板绝缘；PE线端子板必须与金属电器安装板做电气连接。进出线中的N线必须通过N线端子板连接；PE线必须通过PE线端子板连接	合格
六	现场照明	特殊场所使用的照明器其安全特低电压，必须符合相关规范的规定	合格
		照明变压器必须使用双绕组型安全隔离变压器，严禁使用自耦变压器	合格
七	其他		
验收结论		合格 验收日期：　2020 年 10 月 7 日	
参加验收人员	项目经理：蒋迪　2020 年 10 月 7 日		
	安全员：李越　2020 年 10 月 7 日		
	电气负责人：丛文峰　2020 年 10 月 7 日		

注　本表一式 1 份，由施工单位填写留存，以备检查。

（第 2 页）

表 2.4-26　防汛值班记录

编号：××AQ04-26

单位（项目）名称：吉林西部供水工程（乾安片区）施工二标段

值班人员姓名	李林政	值班人员电话	×××
天气情况	晴	值班日期	2020 年 8 月 9 日
检查内容		检查情况	
施工现场、办公区、生活区是否有积水		是□　否☑	
雨水排放系统、泄洪设施是否有效		是☑　否□	
临时用电是否安全有效		是☑　否□	
临时设施（房屋、围挡）是否安全		是☑　否□	
施工现场材料是否进行覆盖		是☑　否□	
防汛物资是否齐全		是☑　否□	
防汛应急人员是否在岗		是☑　否□	
值班期间发现安全隐患以及处理情况			
检查人：李越			

表 2.4-27　防洪度汛专项检查记录

编号：××QA04-27

单位（项目）名称：吉林西部供水工程（乾安片区）施工二标段

序号	检查内容	检查结果	存在问题	备注
1	是否成立防汛机构	是		
2	是否建立并落实责任制，责任是否到人	是		
3	施工进度是否满足度汛要求	是		
4	防洪度汛方案是否制定，是否上报建设单位并批复	是		
5	防洪度汛方案和应急预案已经是否对各部室、各作业队进行交底	是		
6	施工围堰、防洪墙等强度及基坑支护是否满足设计要求	是		
7	动力、通信、交通、供水、排水、消防等设施，是否状况良好	是		
8	抢险物资是否按要求储备	是		
9	对有可能诱发山体滑坡、跨塌和泥石流等山地灾害的施工作业点，是否制定预防应急措施	是		
10	对会遭受洪水危害的施工道路是否有警示标志	是		
11	有无受洪水影响建筑物或大型设备，是否搬迁或制定专项措施	是		
12	是否进行汛前演练	是		

制表人：李越　　　　审核人：蒋迪　　　　时间：2020 年 8 月 9 日

表 2.4-28　机动车/驾驶员登记表

编号：××AQ04-28

序号	设备名称	型号	编号	行驶证	驾驶员	驾驶证号	是否年审		备注
							驾驶证	行驶证	
1	自卸汽车	BJ3258DLPKE	Z1	有	×××	×××××××	是	是	
2	自卸汽车	BJ3258DLPKE	Z2	有	×××	×××××××	是	是	
3	……	……	……	……	……	……	……	……	……

表 2.4-29　消防设施设备台账

编号：××AQ04-29

单位（项目）名称：吉林西部供水工程（乾安片区）施工二标段

序号	设施名称	规格型号	数量	位置	责任人	购置时间	备注
1	干粉灭火器	5kg	8	食堂、办公室、宿舍、仓库	李越	2020 年 8 月	
2	车载式灭火器	5kg	5	车辆、机械设备	李越	2020 年 8 月	
3	烟火报警器	SS-168A	4	食堂、宿舍、仓库	李越	2020 年 8 月	
4	急救包/箱		4	食堂、宿舍、仓库	李越	2020 年 8 月	
5	水桶		10	食堂、宿舍、仓库	李越	2020 年 8 月	
6	铁锹		20	食堂、宿舍、仓库	李越	2020 年 8 月	
7	……	……	……	……	……	……	

填表人：李越　　　　填表日期：2020 年 12 月 30 日

表 2.4-30　消防设施设备检查记录

编号：××AQ04-30

单位（项目）名称：吉林西部供水工程（乾安片区）施工二标段

序号	设施名称	规格型号	数量	（2020）年各月检查情况											
				1	2	3	4	5	6	7	8	9	10	11	12
1	干粉灭火器	5kg	8								√	√	√	√	√
2	车载式灭火器	5kg	5								√	√	√	√	√
3	烟火报警器	SS-168A	4								√	√	√	√	√
4	急救包/箱		4								√	√	√	√	√
5	水桶		10								√	√	√	√	√
6	铁锹		20								√	√	√	√	√
7	……	……	……												

填表人：李越　　　　检查人：苏生　　　　填表日期：2020 年 12 月 30 日

注　消防设施每月检查一次，无问题打“√”，有问题打“×”。

表 2.4-31 消防重点部位登记表

编号：××AQ04-31

单位（项目）名称：吉林西部供水工程（乾安片区）施工二标段

序号	部位名称	消防器材配发情况	防火责任人	检查时间	结果
1	食堂	已配发	李林政	2020-8-30	合格
2	宿舍	已配发	李林政	2020-8-30	合格
3	仓库	已配发	李林政	2020-8-30	合格
4	……	……	……	……	……
检查负责人	苏生	专职安全员	李越		
填表人	李林政	填表日期	2020 年 8 月 30 日		

注 本表一式 2 份，由施工单位填写，用于归档和备查。

表 2.4-32　消防安全检查记录

编号：××AQ04-32

单位（项目部）：吉林西部供水工程（乾安片区）施工二标段

<table>
<tr><td colspan="2">被检查单位
（项目部）</td><td>乾安二标项目部</td><td>被检查单位
（项目部）负责人</td><td colspan="2">蒋迪</td></tr>
<tr><td>序号</td><td>检查项目</td><td colspan="2">检查内容</td><td>检查结果</td><td>备注</td></tr>
<tr><td rowspan="2">1</td><td rowspan="2">消防安全制度</td><td colspan="2">1.是否制定了符合本单位、本岗位实际的消防安全制度和操作规程以及执行落实情况</td><td>是</td><td></td></tr>
<tr><td colspan="2">2.是否建立了防火检查制度</td><td>是</td><td></td></tr>
<tr><td rowspan="3">2</td><td rowspan="3">消防安全管理</td><td colspan="2">1.消防安全责任是否明确，是否确定消防安全责任人和管理人</td><td>是</td><td></td></tr>
<tr><td colspan="2">2.是否落实消防安全责任制，明确各岗位的消防安全职责</td><td>是</td><td></td></tr>
<tr><td colspan="2">3.是否建立了本单位（项目部）消防安全重点部位的防火档案，对防火档案是否及时进行补充和完善</td><td>否</td><td></td></tr>
<tr><td rowspan="6">3</td><td rowspan="6">建筑消防设施管理</td><td rowspan="3">消防器材</td><td>1.办公区域消火栓是否完好，供水是否正常</td><td>是</td><td></td></tr>
<tr><td>2.灭火器是否有效</td><td>是</td><td></td></tr>
<tr><td>3.对现场消防设施、器材的维护、保养情况</td><td>是</td><td></td></tr>
<tr><td rowspan="2">火灾报警系统</td><td>1.报警系统是否完好、正常</td><td>是</td><td></td></tr>
<tr><td>2.报警按钮是否正常</td><td>是</td><td></td></tr>
<tr><td>灭火器配备情况</td><td>灭火器是否配置到位</td><td>是</td><td></td></tr>
<tr><td rowspan="10">4</td><td rowspan="10">现场管理</td><td colspan="2">1.工作现场有无火灾隐患</td><td>是</td><td></td></tr>
<tr><td colspan="2">2.安全警示标志齐全、醒目</td><td>是</td><td></td></tr>
<tr><td colspan="2">3.岗位人员是否了解本岗位的火灾危险性及预防措施，并且做到会报警、会使用消防器材、会扑救初起火灾、会组织人员疏散</td><td>是</td><td></td></tr>
<tr><td colspan="2">4.职工对火灾应急预案的掌握及熟练操作的能力</td><td>是</td><td></td></tr>
<tr><td colspan="2">5.用电设备接地正确，接地电阻符合标准，测量有记录</td><td>是</td><td></td></tr>
<tr><td colspan="2">6.消防器材配备到位，定期检查</td><td>是</td><td></td></tr>
<tr><td colspan="2">7.易燃、易爆危险物品的保管、贮存量及防火措施</td><td>是</td><td></td></tr>
<tr><td colspan="2">8.电线、插座、开关、闸刀等正确安装、固定、绝缘</td><td>是</td><td></td></tr>
<tr><td colspan="2">9.有漏电、过载保护开关，无临时乱拉乱接临时电线路、不超负荷用电</td><td>是</td><td></td></tr>
<tr><td colspan="2">10.安全出口、疏散通道是否畅通，应急照明是否完好</td><td>是</td><td></td></tr>
<tr><td rowspan="2">5</td><td rowspan="2">火灾隐患整改情况</td><td colspan="2">1.火灾隐患的自查自改情况</td><td>是</td><td></td></tr>
<tr><td colspan="2">2.公司消防管理部门查出的火灾隐患是否在规定期限内整改</td><td>是</td><td></td></tr>
<tr><td colspan="2">整改要求</td><td colspan="4">消防安全重点部位防火档案填写不规范，内容不完善，立即进行整改</td></tr>
<tr><td colspan="2">检查人员
（签名）</td><td colspan="4">张洪海　栾万昌　杨帆　田地</td></tr>
</table>

注　本表由职能部门或项目部填写，用于各级消防专项检查。

表 2.4-33　高边坡或深基坑巡视检查记录

编号：××AQ04-33

<table>
<tr><td>项目名称</td><td>路下涵工程 2+441</td><td>施工单位</td><td>松辽水利水电开发有限责任公司</td></tr>
<tr><td>施工部位</td><td>基坑</td><td>施工内容</td><td>基坑开挖</td></tr>
<tr><td>负责人</td><td>蒋迪</td><td>施工期限</td><td>28 天</td></tr>
<tr><td>检查存在问题</td><td colspan="3">1. 现场警示标识不够；
2. 夜间照明设施不完善

负责人：李越
2020 年 10 月 9 日</td></tr>
<tr><td>整改情况</td><td colspan="3">1. 增加现场警示标识；
2. 完善夜间照明设施

负责人：刘广新
2020 年 10 月 9 日</td></tr>
</table>

表 2.4-34　安全技术交底单

编号：××AQ04-34

<table>
<tr><td>施工单位（甲方）</td><td colspan="2">松辽水利水电开发有限责任公司</td><td>施工项目名称</td><td>路下涵工程 2+441</td></tr>
<tr><td>交 底 人</td><td colspan="2">李越</td><td>交底时间</td><td>2020 年 10 月 4 日</td></tr>
<tr><td>主要交底内容及施工方法</td><td colspan="4">1. 工人入场前必须进行三级教育，经考试合格后，方可进入施工现场。
2. 所有人员进入施工现场必须戴合格安全帽。
3. 土方开挖必须严格按照施工组织设计和土方开挖方案进行。
4. 任何人严禁在坑底休息。
5. 开挖土方时，应有专人指挥，防止机械伤人或坠土伤人，挖土机的工作范围内，不准进行其他工作。
6. 渠底边 1m 以内不得堆土、堆料、停置机具。
7. 渠底开挖时，两人操作间距应大于 2.5m。多台机械开挖，挖土机间距应大于 10m。
8. 挖土应自上而下，逐层进行，严禁先挖坡脚或逆坡挖土。
9. 渠底上下应先挖好阶梯或开斜坡道，采取防滑措施，禁止攀边坡上下。
10. 土方开挖时，禁止酒后作业，严禁嬉戏打闹，禁止操作与自己无关的机械设备</td></tr>
<tr><td>参加交底人员</td><td colspan="4">参加交底人员（乙方）亲笔签字（或按手印）：
×××　×××　×××　×××　×××</td></tr>
</table>

表 2.4-35　安全警示标志、标牌使用计划

编号：××AQ04-35

序号	内　　容	尺寸	数量/个	备注
1	进入施工现场，必须戴安全帽	120 cm×90 cm	1	
2	禁止烟火	60 cm×60 cm	4	
3	当心机械伤人	60 cm×60 cm	5	
4	禁止吸烟	30 cm×40 cm	4	
5	禁止明火作业	30 cm×40 cm	3	
6	必须带防护眼镜	40 cm×40 cm	1	
7	当心火灾	40 cm×40 cm	2	
8	有电危险	40 cm×40 cm	3	
9	当心触电	40 cm×40 cm	3	
10	当心扎脚	40 cm×40 cm	2	
11	当心落物	40 cm×40 cm	2	
12	当心坍塌	40 cm×40 cm	2	
13	禁止抛物	40 cm×40 cm	2	
14	当心滑跌	40 cm×40 cm	2	
15	禁止靠近	40 cm×40 cm	2	
16	禁止入内	40 cm×40 cm	2	
17	……	……	……	

表 2.4-36　劳动防护用品发放台账

编号：××AQ04-36

项目名称：吉林西部供水工程（乾安片区）施工二标段

序号	姓名	工种、管理人员	工作部门	护品名称	规格型号	数量	发放日期	领用人签字
1	×××	振捣工	混凝土队	安全帽	ABS	50 个	2020-8-1	×××
2	×××	钢筋工	钢筋加工队	护目镜	3m	6 个	2020-10-4	×××
3	×××	电工	电工队	绝缘手套、电工工具		2 套	2020-10-4	×××
4	……	……	……	……	……	……	……	……

表 2.4-37　劳动防护用品采购登记台账

编号：××AQ04-37

项目名称：吉林西部供水工程（乾安片区）施工二标段

序号	采购日期	名称	数量	采购人	备　注
1	2020-8-1	安全帽	50 个	×××	
2	2020-10-2	防护网	300m	×××	
3	2020-10-2	围挡	300m	×××	
4	2020-10-4	护目镜	6 个	×××	
5	2020-10-4	绝缘手套	2 套	×××	
6	2020-10-4	安全绳	10 条	×××	
7	2020-10-4	隔离绳	500m	×××	
8	……	……	……	……	

填表人：李越　　　　填表日期：2020 年 12 月 30 日

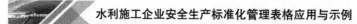

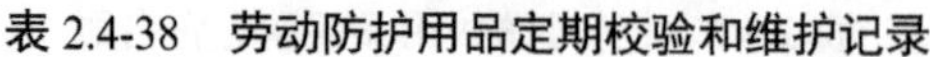
表 2.4-38　劳动防护用品定期校验和维护记录

编号：××AQ04-38

项目名称：吉林西部供水工程（乾安片区）施工二标段　　　　2020 年 11 月 5 日

序号	姓　名	防护用品类别			检查结果		确认签字
		安全帽	安全带	其他（请注明）	合　格	更　换	
1	×××	√			√		×××
2	×××	√	√		√		×××
3	×××	√	√	安全绳√	√		×××
4	×××	√	√	安全绳√	√		×××
5	×××	√	√	安全绳√	√		×××
6	×××	√	√	安全绳√		√	×××
7	×××	√	√	绝缘手套√		√	×××
8	……	……	……	……	……	……	……

表 2.4-39　工伤保险台账

编号：××AQ04-39

序号	姓名	身份证号	投保险种	投保金额/元	保险起止时间
1	×××	×××××××××××××	意外伤害险	80000	2020-8-1—2021-7-31
2	×××	×××××××××××××	意外伤害险	80000	2020-8-1—2021-7-31
3	×××	×××××××××××××	意外伤害险	80000	2020-8-1—2021-7-31
4	×××	×××××××××××××	意外伤害险	80000	2020-8-1—2021-7-31
5	×××	×××××××××××××	意外伤害险	80000	2020-8-1—2021-7-31
6	×××	×××××××××××××	意外伤害险	80000	2020-8-1—2021-7-31
7	×××	×××××××××××××	意外伤害险	80000	2020-8-1—2021-7-31
8	×××	×××××××××××××	意外伤害险	80000	2020-8-1—2021-7-31
9	×××	×××××××××××××	意外伤害险	80000	2020-8-1—2021-7-31
10	×××	×××××××××××××	意外伤害险	80000	2020-8-1—2021-7-31
11	×××	×××××××××××××	意外伤害险	80000	2020-8-1—2021-7-31
12	×××	×××××××××××××	意外伤害险	80000	2020-8-1—2021-7-31

表 2.4-40　意外保险人员信息统计

编号：××AQ04-40

序号	姓名	身份证号	岗位	投保金额/元	保费/（元/年）	保险起止时间	投保险种	保险公司
1	×××	××××××××× ××××	混凝土工	80000	130	2020-8-1—2021-7-31	意外伤害险	×××
2	×××	××××××××× ××××	混凝土工	80000	130	2020-8-1—2021-7-31	意外伤害险	×××
3	×××	××××××××× ××××	混凝土工	80000	130	2020-8-1—2021-7-31	意外伤害险	×××
4	×××	××××××××× ××××	混凝土工	80000	130	2020-8-1—2021-7-31	意外伤害险	×××
5	×××	××××××××× ××××	振捣工	80000	130	2020-8-1—2021-7-31	意外伤害险	×××
6	×××	××××××××× ××××	电工	80000	130	2020-8-1—2021-7-31	意外伤害险	×××
7	×××	××××××××× ××××	钢筋工	80000	130	2020-8-1—2021-7-31	意外伤害险	×××
8	×××	××××××××× ××××	钢筋工	80000	130	2020-8-1—2021-7-31	意外伤害险	×××
9	×××	××××××××× ××××	钢筋工	80000	130	2020-8-1—2021-7-31	意外伤害险	×××
10	×××	××××××××× ××××	力工	80000	130	2020-8-1—2021-7-31	意外伤害险	×××
11	×××	××××××××× ××××	力工	80000	130	2020-8-1—2021-7-31	意外伤害险	×××

五、安全风险管控及隐患排查治理

表 2.5-1　危险源辨识评价记录

编号：××AQ05-01

单位（项目部）：吉林西部供水工程（乾安片区）施工二标段

作业活动	危险源	可导致的事故	作业条件危险性评价：*D*=*LEC*				危险源等级	备注
			发生事故的可能性（*L*）	暴露危险环境的频率（*E*）	危险严重程度（*C*）	危险性大小（*D*）		
临时用电	电气负荷过大	触电	3	3	7	64	4	
临时用电	电工不按程序送电	触电	1	1	7	17	5	
临时用电	电缆绝缘破坏或不绝缘	触电	3	2	7	65	4	
临时用电	配电线路老化	触电	3	2	7	62	4	
焊接作业	雨天裸天施焊	触电	0.5	1	7	18	5	
焊接作业	电焊工未使用防护面罩	烫伤	1	1	1	52	4	
起重机械	起重设备进场未验收	物体打击	0.5	1	15	55	4	
起重机械	未设置警示标志，无专人防护	物体打击	0.5	1	7	60	4	
起重机械	无指挥人员	物体打击	0.5	2	7	61	4	
基坑	施工方案针对性差	坍塌	1	2	7	65	4	
基坑	临边防护不符合要求	坍塌	1	2	7	65	4	

编制：李越　　　　审批：苏生

表 2.5-2　安全检查及隐患排查记录

编号：××AQ05-02

单位（项目部）：吉林西部供水工程（乾安片区）施工二标段

<table>
<tr><td>检查（排查）类型</td><td>节前安全检查</td><td>检查（排查）时间</td><td>2020 年 10 月 1 日</td></tr>
<tr><td>被检查单位</td><td>乾安二标项目部</td><td>被检查单位负责人</td><td>蒋迪</td></tr>
<tr><td>检查表名称</td><td colspan="3">☑ 综合检查表　　□专项检查表</td></tr>
</table>

存在的隐患	分析评估	整改意见
施工现场存在部分电线老化、破皮包扎不到位现象。	一般隐患 ☑　重大隐患□	立即整改 ☑ 开具书面整改通知书□ 制定隐患治理方案□
……		
检查人员： 张洪海　田地　杨帆　栾万昌		

注　本表由职能部门或项目部填写，用于各类各级安全检查和隐患排查。本表与各类检查表、隐患整改通知单和安全隐患整改反馈单配套使用。

表 2.5-3　安全员日检记录

编号：××AQ05-03

单位（项目部）：吉林西部供水工程（乾安片区）施工二标段

2020 年 10 月 5 日	天气（晴）　　气温（例：19℃）　　风力（偏北风 3～4 级）
今施工内容、部位：脚槽混凝土浇筑	
安全资料：已填写	
脚手架：无	
模板：已检查，未发现任何问题	
基坑支护：无	
“三宝”“四口”临边防护：已检查，未发现任何问题	
安全警示标志：已检查，未发现任何问题	
消防设施：已检查，未发现任何问题	
施工用电：已检查，未发现任何问题	
施工机具：已检查，未发现任何问题	
起重设备：已检查，未发现任何问题	
易燃、易爆物品：无	
劳动保护用品：已检查，未发现任何问题	

表 2.5-4　施工现场月检记录

编号：××AQ05-04

单位（项目部）：吉林西部供水工程（乾安片区）施工二标段

<table>
<tr><td>项目部</td><td colspan="2">乾安二标</td><td colspan="2">时　间</td><td>2020 年 8 月 30 日</td></tr>
<tr><td>检查项目</td><td colspan="2">检查内容</td><td colspan="2">存在问题</td><td>整改措施</td></tr>
<tr><td rowspan="11">内业资料</td><td colspan="2">与各岗位签订责任状</td><td colspan="2"></td><td></td></tr>
<tr><td colspan="2">进场教育，新员工项目部级、班组级教育，经常性教育</td><td colspan="2"></td><td></td></tr>
<tr><td colspan="2">特种作业持证上岗</td><td colspan="2"></td><td></td></tr>
<tr><td colspan="2">分部分项工程安全技术措施，专项施工方案及审批</td><td colspan="2"></td><td></td></tr>
<tr><td colspan="2">危险源识别清单、重大危险源清单</td><td colspan="2"></td><td></td></tr>
<tr><td colspan="2">法律法规和其他要求清单</td><td colspan="2"></td><td></td></tr>
<tr><td colspan="2">管理方的编制、交底，实施情况监督</td><td colspan="2"></td><td></td></tr>
<tr><td colspan="2">目标的制定和半年度考核</td><td colspan="2"></td><td></td></tr>
<tr><td colspan="2">生产安全事故应急救援预案和专项应急预案的编制及学习、培训和演练</td><td colspan="2"></td><td></td></tr>
<tr><td colspan="2">起重设备、塔吊、脚手架搭设、基坑支护、模板支立、施工机具的验收资料</td><td colspan="2"></td><td></td></tr>
<tr><td colspan="2">各项规章制度的编制及实施</td><td colspan="2"></td><td></td></tr>
<tr><td rowspan="10">现场管理</td><td colspan="2">安全帽、安全带的正确使用，安全网的挂设。“四口”“五临边”的防护</td><td colspan="2"></td><td></td></tr>
<tr><td colspan="2">临时用电“三相五线制”“一机、一闸、一箱、一漏”</td><td colspan="2"></td><td></td></tr>
<tr><td colspan="2">施工机具安全防护装置、用电设备保护接零</td><td colspan="2"></td><td></td></tr>
<tr><td colspan="2">现场安全警示标志配置</td><td colspan="2"></td><td></td></tr>
<tr><td colspan="2">易燃、易爆物品堆放、保管和使用</td><td colspan="2"></td><td></td></tr>
<tr><td colspan="2">脚手架的搭设和拆除</td><td colspan="2"></td><td></td></tr>
<tr><td colspan="2">基坑支护</td><td colspan="2"></td><td></td></tr>
<tr><td colspan="2">模板支立</td><td colspan="2"></td><td></td></tr>
<tr><td colspan="2">塔吊、起重吊装的保险装置</td><td colspan="2"></td><td></td></tr>
<tr><td colspan="2">消防设施的配置</td><td colspan="2">灭火器数量不足</td><td>按要求立即配备齐全</td></tr>
<tr><td rowspan="2">其他</td><td colspan="2"></td><td colspan="2"></td><td></td></tr>
<tr><td colspan="2"></td><td colspan="2"></td><td></td></tr>
<tr><td>项目经理</td><td>蒋迪</td><td>技术负责人</td><td>秦希严</td><td>生产经理</td><td>苏生</td></tr>
<tr><td>质检员</td><td>庞秋实</td><td>施工员</td><td>李林政</td><td>安全员</td><td>李越</td></tr>
<tr><td>班组长</td><td colspan="5">刘广新</td></tr>
</table>

表 2.5-5　施工现场检查记录

编号：××AQ05-05

单位（项目部）：吉林西部供水工程（乾安片区）施工二标段

检查项目	检查细则	发现问题及整改情况
安全制度 目标管理	现场有无安全责任制、安全制度、技术规程	
	有无项目安全管理目标、安全标志布置	
	施工组织设计有无危险排查及控制措施	
	检查安全交底、安全检查制度及记录	
	“三宝”“四口”“五临边”防护情况	
	脚手架搭设及验收是否符合规范	
	安全三级教育、变工种是否进行安全教育	
施工机具 施工用电 现场消防	现场消防制度、消防器材布置是否合理	
	现场动火有无审批手续	
	临时用电配电箱是否上锁、有无防雨棚	
	用电有无插头、有无私拉乱接现象	
	机具有无防护罩、手持电动工具防护措施	
	消防、特种作业是否持证上岗	
环境管理 目标制度	有无环境管理目标、制度	
	施工组织设计有无环境排查及控制措施	
	施工地面硬化情况、地面有无积水	
	工地禁止吸烟现象	
	建筑垃圾分类堆码、油漆废品处理制度	
	现场环保员职责及落实情况	
废水噪声 粉尘节约	有无防粉尘、噪声的措施	
	有无焚烧有毒有害物质的现象	
	废水排放是否符合国家地方标准	
	节约用水、用电、用纸情况	
文明施工	是否有现场平面布置图	现场留存建筑垃圾，立即清除
	现场材料堆码整齐与否、标识是否清楚	
	临设是否整齐、清洁	
	“五牌”“一图”是否齐全	
	现场是否工完场清	
	有无施工扰民控制措施	
质量控制	施工组织设计、图纸会审、技术交底是否齐全	班组交接记录不齐全，立即整改，严格规范管理
	质量目标是否明确	
	班组自检、交接检记录情况	
	特殊过程（混凝土、焊接、防水）的控制从人员、机械、材料、方法、环境控制记录	
	施工技术资料与进度是否相符	
	现场认证资料收集落实情况	
其　他		

检查人	李越	项目经理	蒋迪	检查时间	2020 年 9 月 25 日

表 2.5-6　夏季安全检查记录

编号：××AQ05-06

单位（项目部）：吉林西部供水工程（乾安片区）施工二标段

序号	检查项目	检 查 内 容	检查方法	检查结果
1	防暑	应配备充足的防暑降温物资	现场检查	是
2		尽量避开高温时段高强度作业	现场检查	是
3		加强生产现场的通风、降温工作	现场检查	是
4		作业现场有无明火作业，作业是否进行审批，有无违规行为	现场检查	是
5	防洪防汛	是否建立防洪防汛工作领导小组，落实工作职责	查制度	是
6		是否制定防洪防汛应急预案，并进行演练	查记录	是
7		是否对员工进行宣传教育	查记录	是
8		是否制定防汛值班制度，明确值班人员及其职责	查记录	是
9		是否有符合要求的防汛物资，并设立防汛仓库	现场检查	是
10		是否对施工现场易积水部位进行排查，并采取措施	现场检查	是
11		生活区及现场排水通道是否畅通	现场检查	是
12	防雷电	各种防雷装置是否完好	现场检查	是
13	异常情况处理	有无异常情况，处理是否得当	现场检查	是
检查的意见及建议：				
检查人员	李越	检查时间	2020 年 8 月 9 日	

表 2.5-7 秋季安全检查记录

编号：××AQ05-07

单位（项目部）：吉林西部供水工程（乾安片区）施工二标段

序号	检查项目	检 查 内 容	检查方法	检查结果
1	防火	灭火器、消火栓等消防设施是否完好	现场检查	否
2		安全防护、信号保险装置是否齐全、灵敏、可靠，保持设备润滑及通风良好	现场检查	是
3		消防车通道、安全疏散通道、安全出口布置合理、通畅	现场检查	是
4		木工加工场堆积的易燃品是否按要求处理	现场检查	是
5		是否存在现场使用明火现象	现场检查	是
6	防冻、保温	保温材料是否符合要求	现场检查	是
7		相关设施是否有保温措施	现场检查	是
8		个人防护用品是否充足、完好	现场检查	是
9	防爆	相关场所电器、照明等设备是否符合防爆要求	现场检查	是
10	异常情况处理	有无异常情况，处理是否得当	现场检查	是
检查的意见及建议： 1. 未设置固定的灭火器摆放位置。 2. ……				
检查人员	李越		检查时间	2020 年 9 月 25 日

表 2.5-8　冬季安全检查记录

编号：××AQ05-08

单位（项目部）：吉林西部供水工程（乾安片区）施工二标段

序号	检查项目	检 查 内 容	检查方法	检查结果
01	室外设施（管线、阀门等）	防冻措施是否实施，保温设施齐全有效	现场检查	是
02	房屋	是否渗漏，门窗是否完好	现场检查	是
03	运行及停运机组、设备或系统	防冻防寒措施是否齐全并落实。做好换季保养，使用适合冬季气候特点的柴油、润滑油和冷却液	现场检查	是
04	车辆	车辆防寒、防冻、防滑措施到位，保温系统有效	现场检查	是
05	人员	作业人员符合冬季使用的劳保用品（棉衣、棉帽、棉手套、防寒靴等）穿戴情况	现场检查	是
06	消防组织、规章制度与消防安全责任制	组织、制度是否健全；消防安全责任制是否落实到个人	查制度、查台账	是
07	消防器材	完好、充足、定期试验（包括消防用水系统是完好），存放地点是合适，周围是否有其他物品遮挡	现场检查	是
08	仓库管理情况	是否严格管理，存放场所符合要求并标识	现场检查	是
09	禁火区域作业	是否存在违规使用明火现场	现场检查	是
10	值班室、库房、生产岗位	防火措施齐全，电气线路、刀闸、开关等整齐无老化，无乱接、乱拉临时线路现象	现场检查	是
11	生产场所	地面、工作面清洁干净，无油污、无积水、无积冰	现场检查	是
12	员工宿舍	严禁使用电炉子（或煤气灶）取暖、做饭或使用其他大功率取暖设备	现场检查	是
13	特殊工种持证与劳保护具	人员劳保护具齐全，持证上岗	现场检查	是
14	异常情况处理	有无异常情况，处理是否得当	现场检查	是
检查的意见及建议：				
检查人员	李越		检查时间	2020 年 11 月 5 日

表 2.5-9　节假日安全检查记录

编号：××AQ05-09

单位（项目部）：吉林西部供水工程（乾安片区）施工二标段

<table>
<tr><td colspan="2">检查时间</td><td>2020 年 10 月 1 日</td><td>检查部门</td><td>乾安二标项目部</td><td>被检查部门/人员（签字）</td><td>蒋迪</td></tr>
<tr><td colspan="2">检查人员（签字）</td><td colspan="5">张洪海　田地　栾万昌　杨帆</td></tr>
<tr><td>序号</td><td>检查项目</td><td colspan="3">检查内容</td><td>检查结果</td><td>备注</td></tr>
<tr><td>1</td><td rowspan="3">生产物资准备</td><td colspan="3">节假日期间所用原料做好准备，保证生产使用，物品是否分类、分开、分库存放</td><td>是</td><td></td></tr>
<tr><td>2</td><td colspan="3">节假日期间所用辅料做好准备，保证生产使用，物料摆放是否整齐、合理</td><td>是</td><td></td></tr>
<tr><td>3</td><td colspan="3">节假日期间备品准备情况是否满足工程需要</td><td>是</td><td></td></tr>
<tr><td>4</td><td rowspan="2">危险物品存放</td><td colspan="3">易燃、易爆物品的存放保管是否满足要求</td><td>—</td><td></td></tr>
<tr><td>5</td><td colspan="3">贮存易燃、可燃、易爆物料罐区的防火、防雷和安全保卫情况是否满足要求</td><td>—</td><td></td></tr>
<tr><td>6</td><td rowspan="3">应急预案准备</td><td colspan="3">是否相关应急预案或应急程序</td><td>是</td><td></td></tr>
<tr><td>7</td><td colspan="3">人员是否了解相关应急预案、处置方案内容</td><td>是</td><td></td></tr>
<tr><td>8</td><td colspan="3">应急救援器材是否完好备用</td><td>是</td><td></td></tr>
<tr><td>9</td><td rowspan="4">消防</td><td colspan="3">消防设施是否完好备用（包括消防水系统）</td><td>是</td><td></td></tr>
<tr><td>10</td><td colspan="3">按规定消防器材设置消防器材并保证完好备用</td><td>是</td><td></td></tr>
<tr><td>11</td><td colspan="3">禁止埋压、圈占、遮挡消火栓或者占用防火间距的</td><td>是</td><td></td></tr>
<tr><td>12</td><td colspan="3">禁止占用、堵塞、封闭疏散通道、安全出口和消防通道</td><td>是</td><td></td></tr>
<tr><td>13</td><td rowspan="4">保卫安全</td><td colspan="3">节假日值班人员是否按要求落实</td><td>是</td><td></td></tr>
<tr><td>14</td><td colspan="3">各类设备的安全运行以及隐患整改情况是否符合要求</td><td>是</td><td></td></tr>
<tr><td>15</td><td colspan="3">假日生产安全措施的安排落实情况是否满足要求</td><td>是</td><td></td></tr>
<tr><td>16</td><td colspan="3">劳动纪律、操作规程的执行以及节前安全教育情况是否满足要求</td><td>否</td><td>未按要求开展节前教育</td></tr>
</table>

表 2.5-10　隐患整改通知单

第（012）号

编号：××AQ05-10

单位（项目部）：吉林西部供水工程（乾安片区）施工二标段

<table>
<tr><td>排查单位
或人员</td><td colspan="2">公司安全生产综合小组</td><td>排查时间</td><td>2020 年 10 月 1 日</td></tr>
<tr><td>接受单位
（项目部）</td><td>乾安二标项目部</td><td>接受人</td><td colspan="2">蒋迪</td></tr>
<tr><td>排查类别</td><td>综合排查</td><td>评估等级</td><td colspan="2">一般事故隐患</td></tr>
<tr><td colspan="5">公司安全生产领导小组于 2020 年 10 月 1 日，组织相关人员对吉林西部供水工程乾安二标进行安全隐患检查，经检查发现你项目部存在安全隐患如下：

1.施工现场存在部分电线老化、破皮包扎不到位现象。
2.未按要求开展节前教育。

请贵项目部于 2020 年 10 月 4 日前整改完毕，并将整改情况函告公司检查组进行复查。</td></tr>
</table>

注　本表由职能部门或项目部填写，用于各级安全检查和隐患间排查。排查类别是指专项检查、综合检查、日常检查、季节性检查、节假日检查等。评估等级是指一般隐患和重大隐患。

表 2.5-11　安全隐患整改反馈单

编号：××AQ05-11

单位（项目部）：吉林西部供水工程（乾安片区）施工二标段

公司检查组：总公司 根据 2020 年 10 月 1 日第（012）号书面整改通知要求，现将落实整改情况汇报如下： 1. 已将施工现场老化、破损电线进行更换。 2. 已组织项目部全体人员召开安全教育。 附相关整改照片 3 张 整改责任人：蒋迪 2020 年 10 月 3 日

注　本表由隐患单位填写，用于隐患整改反馈。

表 2.5-12　隐患汇总登记台账（第 4 季度）

编号：××AQ05-12

单位（项目部）：吉林西部供水工程（乾安片区）施工二标段

序号	排查时间	检查类型	排查负责人	安全隐患情况简述	隐患级别	整改通知单号	隐患所在单位	处理情况	复查人
1	2020-10-1	综合检查	张洪海	1. 施工现场存在部分电线老化、破皮包扎不到位现象。 2. 未按要求开展节前教育	一般事故隐患	第（012）号	乾安二标项目部现场	已处理	李越
2	……	……	……	……	……	……	……	……	……

填表人：李越　　　　审核人：蒋迪

表 2.5-13　生产安全事故隐患排查治理情况第__4__季度统计分析表

编号：××AQ05-13

单位（项目部）：吉林西部供水工程（乾安片区）施工二标段

季度	一般事故隐患				重大事故隐患										
									未整改的重大事故隐患列入治理计划						
	隐患排查数/项	已整改数/项	整改率/%	整改投入资金/元	隐患排查数/项	已整改数/项	整改率/%	整改投入资金/元	计划整改数/项	落实目标任务/项	落实经费物资/项	落实机构人员/项	落实整改期限/项	落实应急措施/项	落实整改资金/元
4	3	3	100%	3000											

事故隐患排查治理情况分析：

本季度项目部着重对施工现场情况进行了安全隐患排查，共检查出 3 项问题，主要问题是安全警示标识设置不足，电线部分破损、老化，未及时组织节前安全教育。经过整改，全部达到整改要求。

主要的应急、防范措施：

本季度项目部主要的应、防范措施有开展应急救援演练、配备完备的应急救援设备，防范措施基本做到全覆盖。

填表人：李越　　　　填表日期：2020 年 12 月 30 日

表 2.5-14　生产安全事故隐患排查治理情况_____年度统计分析

编号：××AQ05-14

单位（项目部）：吉林西部供水工程（乾安片区）施工二标段

年度	一般事故隐患				重大事故隐患										
									未整改的重大事故隐患列入治理计划						
	隐患排查数/项	已整改数/项	整改率/%	整改投入资金/元	隐患排查数/项	已整改数/项	整改率/%	整改投入资金/元	计划整改数/项	落实目标任务/项	落实经费物资/项	落实机构人员/项	落实整改期限/项	落实应急措施/项	落实整改资金/元
2020	11	11	100%	18000											

事故隐患排查治理情况分析：

本年度项目部着重对施工现场情况进行了安全隐患排查，共检查出 12 项问题，主要问题是灭火器摆放不到位、安全警示标识设置不足、电线老化破损、未按要求开展节前安全教育等。经过整改，全部达到整改要求。

主要的应急、防范措施：

本季度项目部主要的应、防范措施有开展应急救援演练、配备完备的应急救援设备，防范措施基本做到全覆盖。

填表人：李越　　　　填表日期：2020 年 12 月 30 日

表 2.5-15　事故隐患整改情况记录

编号：××AQ05-15

单位（项目部）：吉林西部供水工程（乾安片区）施工二标段

事故隐患名称	电线破损、老化		
隐患来源	安全管理不当		
隐患整改项目负责人	蒋迪	隐患整改项目安全负责人	李越
隐患整改项目组成员	李越　苏生　李林政		
隐患整改项目是否办理作业票	否	隐患整改项目是否采取安全防护措施	是
隐患整改项目开始时间	2020 年 10 月 1 日	隐患整改项目结束时间	2020 年 10 月 3 日
隐患整改项目具体的安全防护措施	对老化破损电线更换安装时由专业电工进行操作，要提前进行断电，检查无误后投入使用		
隐患整改项目具体的整改措施	安排专人采买，专业电工进行更换		
隐患整改效果	合格		
隐患整改项目负责人签名	蒋迪	隐患整改项目安全负责人签名	李越

记录人：李越　　　　记录时间：2020 年 12 月 30 日

六、应 急 管 理

表 2.6-1　应急演练记录

编号：××QA06-01

单位（项目）名称：吉林西部供水工程（乾安片区）施工二标段

<table>
<tr><td>组织部门</td><td>乾安二标项目部</td><td>预案名称</td><td colspan="3">防洪度汛应急演练</td></tr>
<tr><td>总指挥</td><td>蒋迪</td><td>演练地点</td><td>施工现场</td><td>起止时间</td><td>8:00-10:00</td></tr>
<tr><td>参加部门
及人数</td><td colspan="5">项目部管理人员及施工人员</td></tr>
<tr><td rowspan="2">演练类别</td><td colspan="4">□ 桌面演练　☑ 功能演练　□ 全面演练</td><td rowspan="2">实际演练部分：
防汛演练</td></tr>
<tr><td colspan="4">☑ 全部预案　□ 部分预案</td></tr>
<tr><td colspan="6">演练目的、内容：
目的：1.验证应急准备工作和应急响应能力，为进一步改善和强化提供依据；
2.提高实战中自防、自救和互救能力，降低洪水事故发生时的人员伤亡和财产损失。
内容：组织现场人员进行及时有效撤离，同时防汛应急演练组启动防汛应急预案进行防汛。</td></tr>
<tr><td colspan="6">演练过程描述：
模拟暴雨到来时现场积水较多的情况。当暴雨到来时，现场项目经理迅速成立指挥小组，电工切断现场一切相关电源，避免漏电、触电事故，拿好水泵、砂袋、铁锹、水带，对现场积水进行抽排分流，进入市政雨水系统，减少现场积水，营救被困人员，加强自我保护，减少伤亡。如有人员伤亡，立即模拟拨打 120 急救中心，并向公司安全部领导汇报。全部施工人员迅速撤离施工现场，并进行灾情通报。</td></tr>
<tr><td colspan="6">演练总结：（成功经验、缺陷和不足）
本次演习使现场的工作人员明确地认识到各自的职责，能够保证汛期在最短的时间里迅速保护现场人员生命财产安全。说明此应急预案是切实可行的。</td></tr>
</table>

填表人	李越	审核人	蒋迪	填表日期	2020 年 7 月 30 日

表 2.6-2　应急装备和应急物资台账

编号：××AQ06-02

单位（项目）名称：吉林西部供水工程（乾安片区）施工二标段

序号	应急装备/物资名称	规格	数量	存放位置	负责部门	负责人
1	编织袋	20kg/袋	15000 个	仓库	安全科	李越
2	铁锹		25 把	仓库	安全科	李越
3	雨衣		50 件	仓库	安全科	李越
4	雨靴		50 双	仓库	安全科	李越
5	挖掘机	DH258LC-7	2 台	现场	安全科	李越
6	自卸车	BJ3258DLPK	2 台	现场	安全科	李越
7	推土机	SD16T	1 台	现场	安全科	李越
8	装载机	ZL50CN	1 台	现场	安全科	李越
9	……	……	……	……	……	……

表 2.6-3　应急装备和应急物资检查维护记录

编号：××AQ06-03

单位（项目）名称：吉林西部供水工程（乾安片区）施工二标段

序号	应急装备/物资名称	规格	存放位置	检查日期	检查结果	检查人	维护日期	维护记录	维护人
1	编织袋	20kg/袋	仓库	2020-8-15	完好	李越			
2	铁锹		仓库	2020-8-15	完好	李越			
3	雨衣		仓库	2020-8-15	完好	李越			
4	雨靴		仓库	2020-8-15	完好	李越			
5	……	……	……	……	……	……	……	……	……

表 2.6-4　预警预报记录

编号：××AQ06-04

单位（项目部）：吉林西部供水工程（乾安片区）施工二标段

序号	预警时间	预警内容	发布形式	发布范围	备注
1	2020年8月24日	8月24日8时40分，长春市气象台发布暴雨黄色预警信号，预计未来12小时内，长春市区、双阳、公主岭东部和九台南部将出现大到暴雨，并伴有短时强降水等强对流天气，注意做好防范	微信群发布	项目部全体施工人员	
2	……	……	……	……	

表 2.6-5　应急设备和物资台账

编号：××AQ06-05

单位（项目部）：吉林西部供水工程（乾安片区）施工二标段

序号	物资名称	数量	存放地点	状态	备注
1	编织袋	15000 个	仓库	可使用	
2	铁锹	25 把	仓库	可使用	
3	雨衣	50 件	仓库	可使用	
4	雨靴	50 双	仓库	可使用	
5	……	…	……	……	

注　本表由项目部填写。

附录　水利水电施工企业安全生产标准化评审标准

说　明

一、适用范围：本标准适用于水利水电施工企业开展安全生产标准化等级评审等相关工作。

二、项目设置：本标准以《企业安全生产标准化基本规范》（GB/T 33000—2016）的核心要求为基础，共设置 8 个一级项目、28 个二级项目和 149 个三级项目。

三、分值设置：本标准按 1000 分设置得分点，并实行扣分制。在三级项目内有多个扣分点的，可累计扣分，直到该三级项目标准分值扣完为止，不出现负分。

四、得分换算：本标准按百分制设置最终得分，其换算公式如下：评定得分=［各项实际得分之和/（1000-各合理缺项分值之和）］×100，最后得分采用四舍五入，保留一位小数。

附表1　目标职责（150分）

二级评审项目	三级评审项目	标准分值	评审方法及评分标准	对应表格
1.1 目标（30分）	1.1.1 安全生产目标管理制度应明确目标的制定、分解、实施、检查、考核等内容	2	查制度文本： 未以正式文件发布，扣2分； 制度内容不全，每缺一项扣1分； 制度内容不符合有关规定，每项扣1分	
	1.1.2 制定安全生产总目标和年度目标，应包括生产安全事故控制、生产安全事故隐患排查治理、职业健康、安全生产管理等目标	3	查中长期安全生产工作规划和年度安全生产工作计划等相关文件： 目标未以正式文件发布，扣3分； 目标制定不全，每缺一项扣1分	
	1.1.3 根据部门和所属单位在安全生产中的职能，分解安全生产总目标和年度目标	4	查相关文件： 目标未分解，扣4分； 目标分解不全，每缺一个部门或单位扣1分； 目标分解与职能不符，每项扣1分	1.1　安全生产目标分解表
	1.1.4 逐级签订安全生产责任书，并制定目标保证措施	5	查相关文件： 未签订责任书，扣5分； 责任书签订不全，每缺一个部门、单位或个人扣1分； 未制定目标保证措施，每缺一个部门、单位或个人扣1分； 责任书内容与安全生产职责不符，每项扣1分	1.3　安全生产责任制落实情况检查记录表
	1.1.5 定期对安全生产目标完成情况进行检查、评估，必要时，调整安全生产目标	6	相关文件和记录： 未定期检查、评估，扣6分； 检查、评估的部门或单位不全，每缺一个扣1分； 必要时，未调整安全生产目标，扣3分	1.2　安全生产目标监督检查记录表
	1.1.6 定期对安全生产目标完成情况进行考核奖惩	10	查相关文件和记录： 未定期考核奖惩，扣10分； 考核奖惩不全，每缺一个部门或单位扣2分	
1.2 机构与职责（28分）	1.2.1　成立由主要负责人、其他领导班子成员、有关部门负责人等组成的安全生产委员会（安全生产领导小组），人员变化时及时调整发布	4	查相关文件： 未成立或未以正式文件发布，扣4分； 成员不全，每缺一位领导或相关部门负责人扣1分； 人员发生变化，未及时调整发布，扣2分	
	1.2.2 按规定设置安全生产管理机构	5	查相关文件： 未按规定设置，扣5分； 项目部未按规定设置，每个扣2分	

续附表 1

二级评审项目	三级评审项目	标准分值	评审方法及评分标准	对应表格
1.2 机构与职责（28分）	1.2.3　按规定配备专（兼）职安全生产管理人员，建立健全安全生产管理网络	6	查相关文件： 安全管理人员配备不全，每少一人扣 2 分； 人员不符合要求，每人扣 2 分	
	1.2.4　安全生产责任制度应明确各级单位、部门及人员的安全生产职责、权限和考核奖惩等内容。主要负责人全面负责安全生产工作，并履行相应责任和义务；分管负责人应对各自职责范围内的安全生产工作负责；各级管理人员应按照安全生产责任制的相关要求，履行其安全生产职责	9	查制度文本： 未以正式文件发布，扣 2 分； 责任制不全，每缺一项扣 2 分； 责任制内容与安全生产职责不符，每项扣 1 分	
	1.2.5　安全生产委员会（安全生产领导小组）每季度至少召开一次会议，跟踪落实上次会议要求，总结分析本单位的安全生产情况，评估本单位存在的风险，研究解决安全生产工作中的重大问题，并形成会议纪要	4	查相关文件和记录： 会议频次不够，每少一次扣 1 分； 未跟踪落实上次会议要求，每次扣 1 分 ； 重大问题未经安委会（安全生产领导小组）研究解决，每项扣 1 分； 未形成会议纪要，每次扣 1 分	
1.3 全员参与（14分）	1.3.1　定期对部门、所属单位和从业人员的安全生产职责的适宜性、履职情况进行评估和监督考核	8	查相关记录： 未进行评估和监督考核，扣 8 分； 评估和监督考核不全，每缺一个部门、单位或个人扣 2 分	
	1.3.2　建立激励约束机制，鼓励从业人员积极建言献策，建言献策应有回复	6	查相关文件和记录： 未建立激励约束机制，扣 6 分； 未对建言献策回复，每少一次扣 1 分	
1.4 安全生产投入（58分）	1.4.1　安全生产费用保障制度应明确费用的提取、使用、管理的程序、职责及权限	2	查制度文本： 未以正式文件发布，扣 2 分； 制度内容不全，每缺一项扣 1 分； 制度内容不符合有关规定，每项扣 1 分	1.7　安全生产费用审批表
	1.4.2　按照规定足额提取安全生产费用；在编制投标文件时将安全生产费用列入工程造价	15	查相关文件和记录 ： 未足额提取，每个项目扣 3 分； 未将安全生产费用列入工程造价，每个项目扣 3 分	

续附表 1

二级评审项目	三级评审项目	标准分值	评审方法及评分标准	对应表格
1.4 安全生产投入（58分）	1.4.3 根据安全生产需要编制安全生产费用使用计划，并严格审批程序，建立安全生产费用使用台账	8	查相关记录： 未编制安全生产费用使用计划，扣 8 分； 审批程序不符合规定，扣 3 分； 未建立安全生产费用使用台账，扣 8 分； 台账不全，每缺一项扣 1 分	1.5 安全生产投入计划； 1.6 安全生产费用使用计划； 1.8 安全生产费用使用台账； 4.78 工伤保险台账； 4.79 意外保险人员信息统计表
	1.4.4 落实安全生产费用使用计划，并保证专款专用	18	查相关记录： 未落实安全生产费用使用计划，每项扣 3 分； 未专款专用，每项扣 2 分	
	1.4.5 每年对安全生产费用的落实情况进行检查、总结和考核，并以适当方式公开安全生产费用提取和使用情况	7	查相关记录： 未进行检查、总结和考核，扣 7 分； 未公开安全生产费用提取和使用情况，扣 3 分	1.9 安全生产费用使用情况汇总表
	1.4.6 按照有关规定，为从业人员及时办理相关保险	8	查相关记录： 未办理相关保险，扣 8 分； 参保人员不全，每缺一人扣 1 分	
1.5 安全文化建设（10分）	1.5.1 确立本单位安全生产和职业病危害防治理念及行为准则，并教育、引导全体人员贯彻执行	5	查相关文件和记录： 未确立理念或行为准则，扣 5 分； 未教育、引导全体人员贯彻执行，扣 5 分	
	1.5.2 制定安全文化建设规划和计划，开展安全文化建设活动	5	查相关文件和记录： 未制定安全文化建设规划或计划，扣 5 分； 未按计划实施，每项扣 2 分； 单位主要负责人未参加安全文化建设活动，扣 2 分	
1.6 安全生产信息化建设（10分）	1.6.1 根据实际情况，建立安全生产电子台账管理、重大危险源监控、职业病危害防治、应急管理、安全风险管控和隐患自查自报、安全生产预测预警等信息系统，利用信息化手段加强安全生产管理工作	10	查相关系统： 未建立信息系统，扣 10 分； 信息系统不全，每缺一项扣 2 分	
小计		150	得分小计	

附表 2　制度化管理（60 分）

二级评审项目	三级评审项目	标准分值	评审方法及评分标准	对应表格
2.1 法规标准识别（10 分）	2.1.1 安全生产法律法规、标准规范管理制度应明确归口管理部门、识别、获取、评审、更新等内容	2	查制度文本： 未以正式文件发布，扣 2 分； 制度内容不全，每缺一项扣 1 分； 制度内容不符合有关规定，每项扣 1 分	2.1　例：《××公司安全生产制度汇编》评审与修订记录表
	2.1.2 职能部门和所属单位应及时识别、获取适用的安全生产法律法规和其他要求，归口管理部门每年发布一次适用的清单，建立文本数据库	4	查相关文件和记录： 未发布清单，扣 4 分； 识别和获取不全，每缺一项扣 1 分； 法律法规或其他要求失效，每项扣 1 分； 未建立文本数据库，扣 4 分	2.2　安全生产标准化文件合规性检查评估表
	2.1.3 及时向员工传达并配备适用的安全生产法律法规和其他要求	4	查相关记录： 未及时传达或配备，扣 4 分； 传达或配备不到位，每少一人扣 1 分	
2.2 规章制度（16 分）	2.2.1 及时将识别、获取的安全生产法律法规和其他要求转化为本单位规章制度，结合本单位实际，建立健全安全生产规章制度体系。 规章制度应包括但不限于：1.目标管理；2.安全生产责任制；3.法律法规标准规范管理；4.安全生产承诺；5.安全生产费用管理；6.意外伤害保险管理；7.安全生产信息化；8.安全技术措施审查管理（包括安全技术交底及新技术、新材料、新工艺、新设备设施）；9.文件、记录和档案管理；10.安全风险管理、隐患排查治理；11.职业病危害防治；12.教育培训；13.班组安全活动；14.安全设施与职业病防护设施“三同时”管理；15.特种作业人员管理；16.设备设施管理；17.交通安全管理；18.消防安全管理；19.防洪度汛安全管理；20.施工用电安全管理；21.危险物品和重大危险源管理；22.危险性较大的单项工程管理；23.安全警示标志管理；24.安全预测预警；25.安全生产考核奖惩管理；26.相关方安全管理（包括工程分包方安全管理）；27.变更管理；28.劳动防护用品（具）管理；29.文明施工、环境保护管理；30.应急管理；31.事故管理；32.绩效评定管理	12	查规章制度文本： 未以正式文件发布，每项扣 2 分； 制度内容不符合有关规定，每项扣 1 分	

续附表 2

二级评审项目	三级评审项目	标准分值	评审方法及评分标准	对应表格
2.2 规章制度（16分）	2.2.2 及时将安全生产规章制度发放到相关工作岗位，并组织培训	4	查相关记录： 工作岗位发放不全，每缺一个扣1分； 规章制度发放不全，每缺一项扣1分	
2.3 操作规程（18分）	2.3.1 引用或编制安全操作规程，确保从业人员参与安全操作规程的编制和修订工作	8	查规程文本和记录： 未以正式文件发布，每项扣2分； 规程内容不符合有关规定，每项扣1分； 规程的编制和修订工作无从业人员参与，每项扣1分	
	2.3.2 新技术、新材料、新工艺、新设备设施投入使用前，组织编制或修订相应的安全操作规程，并确保其适宜性和有效性	4	查规程文本和记录： “四新”投入使用前，未组织编制或修订安全操作规程，每项扣2分	
	2.3.3 安全操作规程应发放到相关作业人员	6	查相关记录并现场抽查： 未及时发放到相关作业人员，每缺一人扣1分	
2.4 文档管理（16分）	2.4.1 文件管理制度应明确文件的编制、审批、标识、收发、使用、评审、修订、保管、废止等内容，并严格执行	3	查制度文本和记录： 未以正式文件发布，扣2分； 制度内容不全，每缺一项扣1分； 制度内容不符合有关规定，每项扣1分； 未按规定执行，每项扣1分	
	2.4.2 记录管理；制度应明确记录管理职责及记录的填写、收集、标识、保管和处置等内容，并严格执行	3	查制度文本和记录： 未以正式文件发布，扣2分； 制度内容不全，每缺一项扣1分； 制度内容不符合有关规定，每项扣1分； 未按规定执行，每项扣1分	2.3 文件发放收回记录表； 2.5 文件资料借阅登记表
	2.4.3 档案管理制度应明确档案管理职责及档案的收集、整理、标识、保管、使用和处置等内容，并严格执行	3	查制度文本和记录： 未以正式文件发布，扣2分 制度内容不全，每缺一项扣1分； 制度内容不符合有关规定，每项扣1分； 未按规定执行，每项扣1分	2.4 文件资料存档登记表
	2.4.4 每年至少评估一次安全生产法律法规、标准规范、规范性文件、规章制度、操作规程的适用性、有效性和执行情况	4	查相关记录： 未按时进行评估或无评估结论，扣4分； 评估结果与实际不符，扣2分	
	2.4.5 根据评估、检查、自评、评审、事故调查等发现的相关问题，及时修订安全生产规章制度、操作规程	3	查相关记录： 未及时修订，每项扣1分	
小计		60	得分小计	

附表 3　教育培训（60 分）

二级评审项目	三级评审项目	标准分值	评审方法及评分标准	对应表格
3.1 教育培训管理（10 分）	3.1.1 安全教育培训制度应明确归口管理部门、培训的对象与内容、组织与管理、检查和考核等要求	2	查制度文本： 未以正式文件发布，扣 2 分； 制度内容不全，每缺一项扣 1 分； 制度内容不符合有关规定，每项扣 1 分	
	3.1.2 定期识别安全教育培训需求，编制培训计划，按计划进行培训，对培训效果进行评价，并根据评价结论进行改进，建立教育培训记录、档案	8	查相关文件和记录： 未编制年度培训计划，扣 8 分； 培训计划不合理，扣 3 分； 未进行培训效果评价，每次扣 1 分； 未根据评价结论进行改进，每次扣 1 分； 记录、档案资料不完整，每项扣 1 分	3.1　20××年度员工培训计划表； 3.2 培训申请表； 3.3 培训记录表
3.2 人员教育培训（50 分）	3.2.1 应对各级管理人员进行教育培训，每年按规定进行再培训。主要负责人、项目负责人、专职安全生产管理人员按规定经水行政主管部门考核合格并持证上岗	8	查相关文件和记录并现场抽查： 培训不全，每少一人扣 1 分； 未按规定持证上岗，每人扣 2 分； 对岗位安全生产职责不熟悉，每人扣 1 分	
	3.2.2 新员工上岗前应接受三级安全教育培训，培训时间满足规定学时要求；在新工艺、新技术、新材料、新设备设施投入使用前，应根据技术说明书、使用说明书、操作技术要求等，对有关管理、操作人员进行培训；作业人员转岗、离岗一年以上重新上岗前，均应进行项目部（队、车间）、班组安全教育培训，经考核合格后上岗	15	查相关记录并现场抽查： 新员工未经培训考核合格上岗，每人扣 2 分； “四新”投入使用前，未按规定进行培训，每人扣 2 分； 转岗、离岗复工人员未经培训考核合格上岗，每人扣 2 分	3.4 培训效果评价表； 3.5 培训效果评价表（个人）
	3.2.3 特种作业人员接受规定的安全作业培训，并取得特种作业操作资格证书后上岗作业；特种作业人员离岗 6 个月以上重新上岗，应经实际操作考核合格后上岗工作；建立健全特种作业人员档案	10	查相关文件和记录并现场抽查： 未按规定持证上岗，每人扣 2 分； 离岗 6 个月以上，未经考核合格上岗，每人扣 2 分； 特种作业人员档案资料不全，每少一人扣 2 分	
	3.2.4 每年对在岗作业人员进行安全生产教育和培训，培训时间和内容应符合有关规定	5	查相关记录： 未按规定进行培训，每人扣 1 分	
	3.2.5 监督检查分包单位对员工进行安全生产教育培训及持证上岗情况	9	查相关记录 未监督检查，扣 9 分； 监督检查不全，每缺一个单位扣 2 分	
	3.2.6 对外来人员进行安全教育，主要内容应包括：安全规定、可能接触到的危险有害因素、职业病危害防护措施、应急知识等。由专人带领做好相关监护工作	3	查相关记录： 未进行安全教育，扣 3 分； 安全教育内容不符合要求，扣 2 分； 无专人带领，扣 3 分	
小计		60	得分小计	

附表 4　现场管理（450 分）

二级评审项目	三级评审项目	标准分值	评审方法及评分标准	对应表格
4.1 设备设施管理（130 分）	4.1.1 设备设施管理制度 设备设施管理制度应明确购置（租赁）、安装（拆除）、验收、检测、使用、检查、保养、维修、改造、报废等内容	2	查制度文本： 未以正式文件发布，扣 2 分； 制度内容不全，每缺一项扣 1 分； 制度内容不符合有关规定，每项扣 1 分	4.1 施工设备配置计划； 4.3 施工设备大修理申请表
	4.1.2 设备设施管理机构及人员 设置设备设施管理部门，配备管理人员，明确管理职责，形成设备设施安全管理网络	4	查相关文件： 无设备设施管理机构，扣 4 分； 未配备设备设施管理人员，扣 4 分	
	4.1.3 设备设施采购及验收 严格执行设备设施管理制度，购置合格的设备设施	5	查相关文件、记录并查看现场： 设备设施无产品质量合格证，扣 5 分； 购置未取得生产许可的单位生产的特种设备，扣 5 分； 设备设施采购合同无验收质量标准，每项扣 2 分； 设备设施未进行验收，每台扣 2 分	4.2 施工设备购置申请表
	4.1.4 特种设备安装（拆除） 特种设备安装（拆除）单位具备相应资质；安装（拆除）人员具备相应的能力和资格；安装（拆除）特种设备应编制安装（拆除）专项方案，安排专人现场监督，安装完成后组织验收，委托具有专业资质的检测、检验机构检测合格后投入使用；按规定办理使用登记	15	查相关文件、记录并查看现场： 安装（拆除）单位不具备相应资质，每个扣 5 分； 安装（拆除）人员不具备相应的能力和资格，每人扣 2 分； 安装（拆除）无专项方案，每台扣 3 分； 安装（拆除）过程无专人现场监督，每次扣 3 分； 未经验收或未取得检定合格证书投入使用，每台扣 3 分； 未按规定办理使用登记，每台扣 3 分	4.6 设备进场安全验收记录
	4.1.5 设备设施台账 建立设备设施台账并及时更新；设备设施管理档案资料齐全、清晰，管理规范	3	查相关记录并查看现场： 未建立设备设施台账，扣 3 分； 台账信息未及时更新，扣 1 分； 档案资料不符合要求，扣 1 分	4.4 自有施工设备台账； 4.5 租赁施工设备台账
	4.1.6 设备设施检查 设备设施运行前应进行全面检查；运行过程中应按规定进行自检、巡检、旁站监督、专项检查、周期性检查，确保性能完好	10	查相关记录并查看现场： 未按要求进行检查，每台扣 2 分； 设备设施性能不满足安全要求，每台扣 2 分	4.8 施工设备巡检记录表； 4.9 施工设备专项检查表； 4.13 施工机械周期性检查表

续附表 4

二级评审项目	三级评审项目	标准分值	评审方法及评分标准	对应表格
4.1 设备设施管理（130分）	4.1.7 设备性能及运行环境 设备结构、运转机构、电气及控制系统无缺陷，各部位润滑良好；基础稳固，行走面平整，轨道铺设规范；制动、限位等安全装置齐全、可靠、灵敏；仪表、信号、灯光等齐全、可靠、灵敏；防护罩、盖板、爬梯、护栏等防护设施完备可靠；设备醒目的位置悬挂有标识牌、检验合格证及安全操作规程；设备干净整洁，无跑冒滴漏；作业区域无影响安全运行的障碍物；同一区域有两台以上设备运行可能发生碰撞时，制定安全运行方案	15	查相关文件、记录并查看现场： 设备结构、运转机构、电气控制系统或重要零部件不符合安全要求，每项扣 3 分； 设备基础不稳固，每台扣 3 分； 安全装置不符合要求，每项扣 3 分； 作业区域存在影响安全的障碍物，每处扣 3 分； 设备运行可能发生碰撞的，未制定安全运行方案，每处扣 3 分	4.7 设备安全运转检查记录表； 4.10 施工设备性能及运行环境检查表； 4.12 施工设备综合检查表
	4.1.8 设备运行 设备操作人员严格按照操作规程运行设备，运行记录齐全	15	查相关记录并查看现场： 未按操作规程运行设备，每人扣 3 分； 设备带病运行，每台扣 3 分； 设备运行记录不齐全，每台扣 1 分	
	4.1.9 租赁设备和分包单位的设备 设备租赁合同或工程分包合同应明确双方的设备管理安全责任和设备技术状况要求等内容；租赁设备或分包单位的设备进入施工现场验收合格后投入使用；租赁设备或分包单位的设备应纳入本单位管理范围	10	查相关文件、记录并查看现场： 合同未明确双方安全责任，扣 10 分； 设备进场未组织验收，每台扣 2 分； 租赁设备或分包单位的设备未纳入本单位设备安全管理范围，每台扣 2 分	
	4.1.10 安全设施管理 建设项目安全设施必须执行“三同时”制度；临边、沟、坑、孔洞、交通梯道等危险部位的栏杆、盖板等设施齐全、牢固可靠；高处作业等危险作业部位按规定设置安全网等设施；施工通道稳固、畅通；垂直交叉作业等危险作业场所设置安全隔离棚；机械、传送装置等的转动部位安装可靠的防护栏、罩等安全防护设施；临水和水上作业有可靠的救生设施；暴雨、台风、暴风雪等极端天气前后组织有关人员对安全设施进行检查或重新验收	15	查相关文件、记录并查看现场： 未执行安全设施“三同时”制度，扣 15 分； 安全设施不符合规定，每项扣 2 分； 极端天气前后未对安全设施进行检查验收，每次扣 5 分	4.14 现场安全设施管理台账； 4.15 施工现场检查记录表

续附表 4

二级评审项目	三级评审项目	标准分值	评审方法及评分标准	对应表格
4.1 设备设施管理（130分）	4.1.11 设备设施维修保养 根据设备安全状况编制设备维修保养计划或方案，对设备进行维修保养；维修保养作业应落实安全措施，并明确专人监护；维修结束后应组织验收；记录规范	10	查相关文件、记录并查看现场： 未制定或未落实维修保养计划或方案，扣 10 分； 未落实安全措施，每次扣 2 分； 无专人监护，每次扣 3 分； 维修结束后未组织验收，每次扣 2 分； 记录不规范，每次扣 2 分	4.11 现场施工设备维护保养记录表
	4.1.12 特种设备管理 按规定进行登记、建档、使用、维护保养、自检、定期检验以及报废；有关记录规范；制定特种设备事故应急措施和救援预案；达到报废条件的及时向有关部门申请办理注销；建立特种设备技术档案（包括设计文件、制造单位、产品质量合格证明、使用维护说明等文件以及安装技术文件和资料；定期检验和定期自行检查的记录；日常使用状况记录；特种设备及其安全附件、安全保护装置、测量调控装置及有关附属仪器仪表的日常维护保养记录；运行故障和事故记录；高耗能特种设备的能效测试报告、能耗状况记录以及节能改造技术资料）；安全附件、安全保护装置、安全距离、安全防护措施以及与特种设备安全相关的建筑物、附属设施，应当符合有关规定	10	查相关文件、记录并查看现场： 未经检验或检验不合格使用，扣 10 分； 检验周期超过规定时间，扣 10 分； 记录不规范，每次扣 2 分； 未制定应急措施或预案，扣 5 分； 设备报废未按程序办理，每台扣 2 分； 未建立特种设备技术档案，每台扣 5 分； 档案资料不全，每缺一项扣 1 分； 安全附件、安全保护装置、安全距离、安全防护措施以及与特种设备安全相关的建筑物、附属设施不符合有关规定，每项扣 2 分	
	4.1.13 设备报废 设备设施存在严重安全隐患，无改造、维修价值，或者超过规定使用年限，应当及时报废	8	查相关记录并查看现场： 达到报废条件的设备未报废，每台扣 3 分； 已报废的设备未及时撤出施工现场，每台扣 2 分	
	4.1.14 设备设施拆除 设备设施拆除前应制定方案，办理作业许可，作业前进行安全技术交底，现场设置警示标志并采取隔离措施，按方案组织拆除	8	查相关记录并查看现场： 未制定方案，扣 8 分； 未按规定办理作业许可，每次扣 2 分； 未交底或交底不符合规定，每人扣 2 分； 未设置警示标志或采取隔离措施，每次扣 2 分； 未按方案组织拆除，扣 8 分	
4.2 作业安全（245分）	4.2.1 施工布置与现场管理 施工总体布局与分区合理，规范有序，符合安全文明施工、交通、消防、职业健康、环境保护等有关规定	10	查相关图纸并查看现场： 施工总体布局与分区不合理，每项扣 2 分；	

续附表 4

二级评审项目	三级评审项目	标准分值	评审方法及评分标准	对应表格
4.2 作业安全（245分）	4.2.2 施工技术管理 设置施工技术管理机构，配足施工技术管理人员，建立施工技术管理制度，明确职责、程序及要求；工程开工前，应参加设计交底，并进行施工图会审；对施工现场安全管理和施工过程的安全控制进行全面策划，编制安全技术措施，并进行动态管理；达到一定规模的危险性较大单项工程应编制专项施工方案，超过一定规模的危险性较大单项工程的专项施工方案，应组织专家论证；施工组织设计、施工方案等技术文件的编制、审核、批准、备案规范；施工前按规定分层次进行交底，并在交底书上签字确认；专项施工方案实施时安排专人现场监护，方案编制人员、技术负责人应现场检查指导	25	查相关文件、记录并查看现场： 无管理机构或管理人员配备不足，扣 5 分； 未建立技术管理制度或制度不符合要求，扣 2 分； 未参加设计交底，每次扣 2 分； 未按规定进行施工图会审，每次扣 2 分； 无安全技术措施，扣 25 分； 达到一定规模的危险性较大单项工程未编制专项施工方案，扣 25 分； 超过一定规模的危险性较大单项工程的专项施工方案，未组织专家论证，每项扣 10 分； 技术文件的编制、审核、批准、备案不符合规定，每项扣 2 分； 未交底或交底不符合规定，每项扣 5 分； 专项施工方案实施无专人现场监护，每项扣 2 分； 方案编制人员、技术负责人未现场检查指导，每项扣 2 分	4.16 专项施工方案监督检查记录表； 4.17 专项施工方案专家论证审查表； 4.18 危险性较大的专项施工方案专家论证审查表； 4.19 危险性较大分部分项工程安全专项施工方案； 4.20 施工组织设计（方案）审批记录； 4.21 旁站监督、巡视记录表； 4.22 防护设施检查验收表； 4.35 现场监督检查记录表； 4.51 安全技术交底单； 4.52 专项施工方案监督检查记录表
	4.2.3 施工用电管理 按照有关法律法规、技术标准做好施工用电管理。建立施工用电管理制度；按规定编制用电组织设计或制定安全用电和电气防火措施；外电线路及电气设备防护满足要求；配电系统、配电室、配电箱、配电线路等符合相关规定；自备电源与网供电源的联锁装置安全可靠；接地与防雷满足要求；电动工器具使用管理符合规定；照明满足安全要求；施工用电应经验收合格后投入使用，并定期组织检查	15	查相关文件、记录并查看现场： 未建立施工用电管理制度，扣 2 分； 未按规定编制用电组织设计或制定安全用电和电气防火措施，每项扣 5 分 外电线路及电气设备防护不满足要求，每项扣 5 分； 配电系统、配电室、配电箱、配电线路等不符合相关规定，每项扣 2 分； 自备电源与网供电源的联锁装置不可靠，每项扣 5 分； 接地与防雷不满足要求，每处扣 2 分； 电动工器具使用管理不符合规定，每项扣 5 分； 照明不满足安全要求，每处扣 2 分； 施工用电未经验收合格投入使用，扣 15 分； 未定期组织检查，每少一次扣 2 分	4.23 电焊作业专项安全检查表； 4.24 接地电阻测试记录； 4.25 绝缘电阻测试记录； 4.26 漏电保护器检测记录； 4.27 施工现场照明检查表； 4.28 施工用电检查评分表（一）； 4.29 施工用电检查评分表（二）； 4.30 施工现场临时用电检查表； 4.31 施工现场临时用电设备明细表； 4.32 施工现场临时用电验收表（一）； 4.33 施工现场临时用电验收表（二）； 4.34 临时用电作业审批表

续附表 4

二级评审项目	三级评审项目	标准分值	评审方法及评分标准	对应表格
4.2 作业安全（245分）	4.2.4 施工脚手架管理 按照有关法律法规、技术标准做好脚手架管理。建立脚手架安全管理制度；脚手架搭拆前，应编制施工作业指导书或专项施工方案，超过一定规模的危险性较大脚手架工程应经专门设计、方案论证，并严格执行审批程序；脚手架的基础、材料应符合规范要求；脚手架搭设（拆除）应按审批的方案进行交底、签字确认后方可实施；按审批的方案和规程规范搭设（拆除）脚手架，过程中安排专人现场监护；脚手架经验收合格后挂牌使用；在用的脚手架应定期检查和维护，并不得附加设计以外的荷载和用途；在暴雨、台风、暴风雪等极端天气前后组织有关人员对脚手架进行检查或重新验收	10	查相关文件、记录并查看现场： 未建立脚手架安全管理制度，扣 2 分； 未编制专项施工方案或作业指导书，扣 10 分； 超过一定规模的危险性较大脚手架工程，未组织专家论证，扣 10 分； 专项施工方案审批手续不符合要求，每项扣 2 分； 脚手架的基础、材料不符合规定，每处扣 2 分； 未交底或交底不符合规定，每人扣 2 分； 未按审批的方案和规程规范实施，扣 10 分； 专项施工方案实施无专人现场监护，每项扣 2 分； 脚手架未经验收合格或未挂牌使用，扣 10 分； 检查和维护不到位，每次扣 2 分； 脚手架使用过程中附加设计以外的荷载和用途，扣 10 分； 极端天气未按规定组织检查验收，每次扣 2 分	4.36 脚手架检查（验收）记录表； 4.51 安全技术交底单； 4.52 专项施工方案监督检查记录表
	4.2.5 防洪度汛管理 按照有关法律法规、技术标准做好防洪度汛管理。有防洪度汛要求的工程应编制防洪度汛方案和超标准洪水应急预案；成立防洪度汛的组织机构和防洪度汛抢险队伍，配置足够的防洪度汛物资，并组织演练；施工进度应满足安全度汛要求；施工围堰、导流明渠、涵管及隧洞等导流建筑物应满足安全要求；开展防洪度汛专项检查；建立畅通的水文气象信息渠道；做好汛期值班	15	查相关文件、记录并查看现场： 未制定防洪度汛方案和超标准洪水应急预案，扣 15 分； 未按规定成立防洪度汛的组织机构，或未落实防汛抢险队伍及物资，扣 15 分； 未定期组织演练，每少一次扣 3 分； 施工进度不满足安全度汛要求，每个项目扣 5 分； 导流建筑物不满足安全要求，每处扣 5 分； 未开展防洪度汛专项检查，每个项目扣 5 分； 水文气象信息渠道不畅通，每个项目扣 5 分； 汛期值班不符合要求，每个项目扣 5 分	4.37 防汛值班记录表； 4.38 防洪度汛专项检查表

续附表 4

二级评审项目	三级评审项目	标准分值	评审方法及评分标准	对应表格
4.2 作业安全（245 分）	4.2.6 交通安全管理 按照有关法律法规、技术标准做好交通安全管理。建立交通安全管理制度；施工现场道路（桥梁）符合规范要求，交通安全防护设施齐全可靠，警示标志齐全完好；定期对车船进行检测和检验，保证安全技术状态良好；车船不得违规载人；车辆在施工区内应限速行驶；定期组织驾驶人员培训，严格驾驶行为管理，严禁无证驾驶、酒后驾驶、疲劳驾驶、超载驾驶；大型设备运输或搬运应制定专项方案	10	查相关文件、记录并查看现场： 未建立交通安全管理制度，扣 2 分； 施工现场道路（桥梁）不符合规范要求，每项扣 5 分； 交通安全防护设施不符合要求，每处扣 2 分； 交通警示标志设置不符合要求，每处扣 2 分； 未按规定对车船进行检测和检验，每台扣 2 分； 车船违规载人，每次扣 2 分； 违规驾驶，每次扣 2 分； 使用不符合规定的车船，每台扣 5 分； 大型设备运输或搬运未制定专项方案，每次扣 5 分	4.39 机动车/驾驶员登记表
	4.2.7 消防安全管理 按照有关法律法规、技术标准做好消防安全管理。建立消防管理制度，建立健全消防安全组织机构，落实消防安全责任制，建立重点防火部位或场所档案；临建设施之间的安全距离、消防通道等均符合消防安全规定；仓库、宿舍、加工场地及重要设备配有足够的消防设施、器材，并建立台账；消防设施、器材应有防雨、防冻措施，并定期检验、维修，确保完好有效；严格执行动火审批制度；组织开展消防培训和演练	10	查相关文件、记录并查看现场： 未建立消防安全管理制度，扣 2 分； 未建立健全消防安全组织机构，扣 10 分； 防火重点部位或场所档案不全，每少一项扣 2 分； 安全距离、消防通道等不符合规定，每处扣 2 分； 防火重点部位未按规定配备消防设施、器材，每处扣 2 分； 未建立消防设施、器材台账，扣 3 分； 消防设施、器材无防雨、防冻措施，每处扣 1 分； 未定期进行检验、维修，每台（具）扣 1 分； 未严格执行动火审批制度，每次扣 2 分； 未定期组织消防培训和演练，每少一次扣 2 分	4.40 消防设施设备台账； 4.41 消防设施设备检查表； 4.42 消防重点部位登记表； 4.43 消防安全检查表； 4.44 施工现场动火证

续附表 4

二级评审项目	三级评审项目	标准分值	评审方法及评分标准	对应表格
4.2 作业安全（245分）	4.2.8 易燃易爆危险品管理 按照有关法律法规、技术标准做好易燃易爆危险品管理。建立易燃易爆危险品管理制度；易燃易爆危险品运输应按规定办理相关手续并符合安全规定；现场存放炸药、雷管等，得到当地公安部门的许可，并分别存放在专用仓库内，指派专人保管，严格领退制度；氧气、乙炔、液氨、油品等危险品仓库屋面采用轻型结构，并设置气窗及底窗，门、窗向外开启；有避雷及防静电接地设施，并选用防爆电器；氧气瓶、乙炔瓶存放、使用应符合规定；带有放射源的仪器的使用管理，应满足相关规定	10	查相关文件、记录并查看现场： 未建立易燃易爆危险品管理制度，扣 2 分； 易燃易爆危险品运输不符合规定，每次扣 5 分； 现场存放炸药、雷管等未按规定办理许可，扣 10 分； 炸药、雷管等未分别存放，扣 10 分； 炸药、雷管等未指派专人保管，扣 10 分； 炸药、雷管等未严格执行领退料制度，扣 10 分； 仓库结构或通风条件不满足要求，扣 10 分； 仓库未安装避雷及防静电接地设施，扣 10 分； 仓库未选用防爆电器，扣 10 分； 氧气瓶、乙炔瓶存放、使用不符合规定，每处扣 2 分； 带有放射源的仪器使用管理不符合规定，每次扣 5 分	4.45 危险化学品安全管理台账； 4.49 火工材料使用记录表
	4.2.9 高边坡、基坑作业 按照有关法律法规、技术标准进行高边坡、基坑作业。根据施工现场实际编制专项施工方案或作业指导书，经过审批后实施；施工前，在地面外围设置截、排水沟，并在开挖开口线外设置防护栏，危险部位应设置警示标志；排架、作业平台搭设稳固，底部生根，杆件绑扎牢固，脚手板应满铺，临空面设置防护栏杆和防护网；自上而下清理坡顶和坡面松碴、危石、不稳定体，不在松碴、危石、不稳定体上或下方作业；垂直交叉作业应设隔离防护棚，或错开作业时间；对断层、裂隙、破碎带等不良地质构造的高边坡，按设计要求采取支护措施，并在危险部位设置警示标志；严格按要求放坡，作业时随时注意边坡的稳定情况，发现问题及时加固处理；人员上下高边坡、基坑走专用爬梯；安排专人监护、巡视检查，并及时进行分析、反馈监护信息；高处作业人员同时系挂安全带和安全绳	15	查相关文件、记录并查看现场： 未根据施工现场实际编制专项施工方案或作业指导书，扣 15 分； 排水设施、防护设施、警示标志不符合要求，每处扣 2 分； 排架、作业平台不符合要求，每处扣 2 分； 松碴、危石、不稳定体未清理，每处扣 2 分； 未自上而下清理，或在松碴、危石、不稳定体上方或下方作业，每次扣 2 分； 垂直交叉作业安全管理不到位，每处扣 2 分； 未按设计要求采取支护措施，扣 15 分； 未按要求放坡，每处扣 5 分； 发现问题未及时处置，扣 15 分； 未设置专用爬梯，每处扣 2 分； 作业时现场无专人监护，扣 5 分； 未按规定进行检查，扣 5 分； 未按要求进行监测、分析，扣 5 分； 高处作业人员未系挂安全带或安全绳，每人扣 2 分	4.46 高边坡或深基坑巡视检查记录表； 4.51 安全技术交底单； 4.52 专项施工方案监督检查记录表

续附表 4

二级评审项目	三级评审项目	标准分值	评审方法及评分标准	对应表格
4.2 作业安全（245分）	4.2.10 洞室作业 按照有关法律法规、技术标准进行洞室作业。根据现场实际制定专项施工方案；进洞前，做好坡顶坡面的截水排水系统；Ⅲ、Ⅳ、Ⅴ类围岩开挖除对洞口进行加固外，应在洞口设置防护棚；洞口边坡上和洞室的浮石、危石应及时处理，并按要求及时支护；交叉洞室在贯通前优先安排锁口锚杆的施工；位于河水位以下的隧洞进、出口，应设置围堰或预留岩坎等防止水淹洞室的措施；洞内渗漏水应集中引排处理，排水通畅；有瓦斯等有害气体的防治措施；按要求布置安全监测系统，及时进行监测、分析、反馈观测资料，并按规定进行检查；遇到不良地质地段开挖时，采取浅钻孔、弱爆破、多循环，尽量减少对围岩的扰动，并及时进行支护。遇不良地质构造或易塌方地段，有害气体逸出及地下涌水等突发事件，立即停工，并撤至安全地点；洞内照明、通风、除尘满足规范要求	10	查相关文件、记录并查看现场： 未根据现场实际制定专项施工方案，每处扣 2 分； 未按规定对洞口进行加固，或未按规定在洞口设置防护棚，每处扣 2 分； 浮石、危石未及时处理，每处扣 2 分 交叉洞室贯通前未进行锁口锚杆施工，扣 10 分； 无防止水淹洞室的措施，扣 10 分； 排水不通畅，每处扣 2 分； 无瓦斯等有害气体的防治措施，扣 10 分； 未按要求进行监测、分析，扣 10 分； 未按规定进行检查，扣 5 分； 遇突发事件未及时处置，扣 10 分； 照明、通风、除尘不满足规范要求，每处扣 2 分	4.48 拱顶沉降观测记录表； 4.50 隧洞有害气体、粉尘监测记录表； 4.51 安全技术交底单
	4.2.11 爆破、拆除作业 按照有关法律法规、技术标准进行爆破、拆除作业。爆破、拆除作业单位必须持有相应的资质，建立爆破、拆除安全管理制度；作业前编制方案，进行爆破、拆除设计，履行审批程序，并严格安全交底；装药、堵塞、网络联接以及起爆，由爆破负责人统一指挥，爆破员按爆破设计和爆破安全规程作业；影响区采取相应安全警戒和防护措施，作业时有专人现场监护；爆破工程技术人员、爆破员、安全员、保管员和押运员等应持证上岗	10	查相关文件、记录并查看现场： 作业单位不具备相应资质，扣 10 分； 未建立爆破、拆除作业安全管理制度，扣 2 分； 未编制方案，未进行爆破、拆除设计或未履行审批程序，扣 10 分； 未交底或交底不符合规定，每人扣 2 分； 未严格执行爆破、拆除设计和安全规程，扣 10 分； 影响区未采取相应安全警戒和防护措施，扣 10 分； 作业时现场无专人监护，扣 5 分； 未按规定持证上岗，每人扣 2 分	4.47 隧洞爆破作业安全检查记录； 4.51 安全技术交底单； 4.52 专项施工方案监督检查记录表； 4.53 爆破试验记录

续附表 4

二级评审项目	三级评审项目	标准分值	评审方法及评分标准	对应表格
4.2 作业安全（245分）	4.2.12 水上水下作业 按照有关法律法规、技术标准进行水上水下作业。建立水上水下作业安全管理制度；从事可能影响通航安全的水上水下活动应按照有关规定办理《中华人民共和国水上水下活动许可证》；施工船舶应按规定取得合法的船舶证书和适航证书，在适航水域作业；编制专项施工方案，制定应急预案，对作业人员进行安全技术交底，作业时安排专人进行监护；水上作业有稳固的施工平台和梯道，平台不得超负荷使用；临水、临边设置牢固可靠的栏杆和安全网；平台上的设备固定牢固，作业用具应随手放入工具袋；作业平台上配齐救生衣、救生圈、救生绳和通信工具；施工平台、船舶设置明显标识和夜间警示灯；建立畅通的水文气象信息渠道；作业人员正确穿戴救生衣、安全帽、防滑鞋、安全带；作业人员按规定经培训考核合格后持证上岗，并定期进行体检；雨雪天气进行水上作业，采取防滑、防寒和防冻措施，水、冰、霜、雪及时清除；遇到六级以上强风等恶劣天气不进行水上作业，暴风雪和强台风等恶劣天气后全面检查，消除隐患	10	查相关文件、记录并查看现场： 未建立水上水下作业安全管理制度，扣2分； 未按规定办理作业许可，扣10分； 未取得合法的船舶证书或适航证书，每艘扣5分； 未编制专项施工方案或应急预案，扣5分； 未交底或交底不符合规定，每人扣2分； 作业时现场无专人监护，扣5分； 无施工平台、梯道，每处扣5分； 平台、梯道不稳固或超负荷使用，每处扣3分； 防护栏杆和安全网不符合要求，每处扣2分； 施工平台上的设备固定不牢固，每处扣2分； 救援用品、器具配备不足，扣3分； 未设置明显标识和夜间警示灯，扣3分； 未建立畅通的水文气象信息渠道，扣5分； 作业人员未正确穿戴劳动防护用品，每人扣2分； 作业人员未按规定持证上岗，每人扣2分； 作业人员未定期进行体检，每人扣2分； 未采取可靠防滑、防寒和防冻措施，扣3分； 恶劣天气进行作业，扣10分； 恶劣天气后未全面检查并消除隐患，每次扣3分	4.51 安全技术交底单； 4.52 专项施工方案监督检查记录表
	4.2.13 高处作业 按照有关法律法规、技术标准进行高处作业。建立高处作业安全管理制度；高处作业人员体检合格后上岗作业，登高架设作业人员持证上岗；坝顶、陡坡、悬崖、杆塔、吊桥、脚手架、屋顶以及其他危险边沿进行悬空高处作业时，临空面搭设安全网或防护栏杆，且安全网随着建筑物升高而提高；登高作业人员正确佩戴和使用劳动防护用品、用具，作业前应检查作业场所安全措施落实情况；有坠落危险的物件应固定牢固，无法固定的应先行清除或放置在安全处；雨天、雪天高处作业，应采取可靠的防滑、防寒和防冻措施；遇有六级及以上大风或恶劣气候时，应停止露天高处作业；高处作业应现场监护	10	查相关文件、记录并查看现场： 未建立高处作业安全管理制度，扣2分； 高处作业人员未经体检合格上岗，每人扣2分； 登高架设人员未按规定持证上岗，每人扣2分； 防护栏杆和安全网不符合要求，每处扣2分； 存在坠落危险的物件，每处扣2分； 未采取可靠防滑、防寒和防冻措施，扣3分； 未正确佩戴和使用劳动防护用品、用具，每人扣2分； 恶劣天气进行露天作业，扣10分； 作业时现场无专人监护，扣5分	4.51 安全技术交底单

续附表 4

二级评审项目	三级评审项目	标准分值	评审方法及评分标准	对应表格
4.2 作业安全（245 分）	4.2.14 起重吊装作业 按照有关法律法规、技术标准进行起重吊装作业。作业前应编制起重吊装方案或作业指导书，向作业人员进行安全技术交底；作业前对设备、安全装置、工器具进行检查，确保满足安全要求；起重吊装作业区域应设置警戒线，并安排专人进行监护；司机、信号司索工应持证上岗，按操作规程作业，信号传递畅通；吊装按规定办理审批手续；严禁以运行的设备、管道以及脚手架、平台等作为起吊重物的承力点；利用构筑物或设备的构件作为起吊重物的承力点时，应经核算；恶劣天气不得进行室外起吊作业	10	查相关文件、记录并查看现场： 未编制起重吊装方案或作业指导书，扣 10 分； 未交底或交底不符合规定，每人扣 2 分； 设备、安全装置、工器具不满足安全要求，每项扣 2 分； 作业区域未设置警戒线，每处扣 3 分； 作业时现场无专人监护，扣 5 分； 作业人员未按规定持证上岗，每人扣 2 分； 作业人员未严格按操作规程作业，每次扣 2 分； 信号传递不畅通，扣 5 分； 吊装未按规定办理审批手续，每次扣 5 分； 违规起吊，每次扣 5 分； 恶劣天气进行室外起吊作业，扣 10 分	4.51 安全技术交底单； 4.52 专项施工方案监督检查记录表
	4.2.15 临近带电体作业 按照有关法律法规、技术标准进行临近带电体作业。建立临近带电体作业安全管理制度；作业前编制专项施工方案或安全防护措施，向作业人员进行安全技术交底，并办理安全施工作业票，安排专人现场监护；电气作业人员应持证上岗并按操作规程作业；作业时施工人员、机械与带电线路和设备的距离应大于最小安全距离，并有防感应电措施；当小于最小安全距离时，应采取绝缘隔离的防护措施，并悬挂醒目的警告标志，当防护措施无法实现时，应采取停电等措施	10	查相关文件、记录并查看现场： 未建立临近带电体作业安全管理制度，扣 2 分； 未编制专项施工方案或安全防护措施，扣 10 分； 未交底或交底不符合规定，每人扣 2 分； 电气作业人员未按规定持证上岗，每人扣 2 分； 作业时现场无专人监护，扣 5 分； 违规作业，每人扣 2 分； 安全距离不足时未采取安全措施，扣 10 分	4.51 安全技术交底单； 4.54 临近高压带电体作业许可证
	4.2.16 焊接作业 按照有关法律法规、技术标准进行焊接作业。建立焊接作业安全管理制度；焊接前对设备进行检查，确保性能良好，符合安全要求；焊接作业人员持证上岗，按规定正确佩戴个人防护用品，严格按操作规程作业；进行焊接、切割作业时，有防止触电、灼伤、爆炸和引起火灾的措施，并严格遵守消防安全管理规定；焊接作业结束后，作业人员清理场地、消除焊件余热、切断电源，仔细检查工作场所周围及防护设施，确认无起火危险后离开	10	查相关记录并查看现场： 未建立焊接作业安全管理制度，扣 2 分； 焊接设备不符合安全要求，扣 10 分； 作业人员未按规定持证上岗，每人扣 2 分； 作业人员未按规定佩戴防护用品，每人扣 2 分； 作业人员违反操作规程，每人扣 2 分； 焊接、切割作业无安全措施，每次扣 2 分； 作业结束后未仔细检查并确保安全，每次扣 2 分	

续附表 4

二级评审项目	三级评审项目	标准分值	评审方法及评分标准	对应表格
4.2 作业安全（245 分）	4.2.17 交叉作业 按照有关法律法规、技术标准进行交叉作业。建立交叉作业安全管理制度；制定协调一致的安全措施，进行充分的沟通和交底，且应有专人现场检查与协调、监护；两个以上不同作业队伍在同一作业区域内进行作业活动时，应签订安全管理协议，明确各自的管理职责和采取的措施；垂直交叉作业应搭设严密、牢固的防护隔离设施；交叉作业时，严禁上下投掷材料、边角余料；工具应随手放入工具袋，严禁在吊物下方接料或逗留	10	查相关文件、记录并查看现场： 未建立交叉作业安全管理制度，扣 2 分； 未制定安全措施，扣 10 分； 未交底或交底不符合规定，每人扣 2 分； 作业时现场无专人监护，扣 5 分； 两个以上作业队伍交叉作业时，未签订安全管理协议，扣 5 分； 垂直交叉作业时，安全防护措施落实不到位，扣 5 分； 违规作业，每人扣 2 分	4.51 安全技术交底单
	4.2.18 有（受）限空间作业 按照有关法律法规、技术标准进行有（受）限空间作业。建立有（受）限空间作业安全管理制度；实行有（受）限空间作业审批制度；有（受）限空间作业应当严格遵守“先通风、再检测、后作业”的原则；作业人员必须经安全培训合格方能上岗作业；向作业人员进行安全技术交底；必须配备个人防中毒窒息等防护装备，严禁无防护监护措施作业；作业现场应设置安全警示标识，应有监护人员；制定应急措施，现场必须配备应急装备，科学施救	10	查相关文件、记录并查看现场： 未建立有（受）限空间作业安全管理制度，扣 2 分； 未落实审批制度，扣 10 分； 作业前，未按规定进行通风、检测，扣 10 分； 未交底或交底不符合规定，每人扣 2 分； 未落实防护措施，扣 10 分； 未制定应急措施，扣 5 分； 缺少安全警示标识，每处扣 2 分； 作业时现场无专人监护，扣 5 分； 现场应急装备配备不足，扣 5 分	4.51 安全技术交底单
	4.2.19 岗位达标 建立班组安全活动管理制度，明确岗位达标的内容和要求，开展安全生产和职业卫生教育培训、安全操作技能训练、岗位作业危险预知、作业现场隐患排查、事故分析等岗位达标活动，并做好记录。从业人员应熟练掌握本岗位安全职责、安全生产和职业卫生操作规程、安全风险及管控措施、防护用品使用、自救互救及应急处置措施	15	查相关记录并现场问询： 未建立班组安全活动管理制度，扣 2 分； 制度内容不符合要求，扣 1 分； 未按规定开展岗位达标活动，每少一项扣 3 分； 从业人员对相关安全知识不熟悉，每人扣 2 分； 记录不完整，每缺一项扣 2 分	
	4.2.20 分包管理制度 工程分包、劳务分包、设备物资采购、设备租赁管理制度应明确各管理层次和部门管理职责和权限，包括分包方的评价和选择、分包招标合同谈判和签约、分包项目实施阶段的管理、分包实施过程中或结束后的再评价等	2	查制度文本： 未以正式文件发布，扣 2 分； 制度内容不全，每缺一项扣 1 分； 制度内容不符合有关规定，每项扣 1 分	4.56 工程分承包方调查评价记录表（一）

续附表 4

二级评审项目	三级评审项目	标准分值	评审方法及评分标准	对应表格
4.2 作业安全（245分）	4.2.21 分包方评价 对分包方进行全面评价和定期再评价，包括经营许可和资质证明，专业能力，人员结构和素质，机具装备，技术、质量、安全、施工管理的保证能力，工程业绩和信誉等，建立并及时更新合格分包方名录和档案	4	查相关文件和记录： 未对分包方进行评价，扣 4 分； 评价对象不全，每少一个扣 1 分； 未定期评价，每少一次扣 1 分； 评价内容不全，每少一项扣 1 分； 未建立或未及时更新合格分包方名录和档案，扣 4 分	4.57 工程分承包方调查评价记录表（二）； 4.59 工程分承包方考核评价表； 4.60 合格工程分承包方名册； 4.61 内部劳务承包方调查评价表； 4.62 内部劳务承包方管理工作考核表
	4.2.22 分包方选择 确认分包方具备相应资质和能力，按规定选择分包方；依法与分包方签订分包合同和安全生产协议，明确双方安全生产责任和义务	6	查相关文件和记录： 违法分包或转包，扣 6 分； 未明确双方安全责任和义务，扣 6 分	4.63 合格内部劳务承包方名册； 4.64 劳务分承包方调查评价表（一）； 4.65 劳务分承包方调查评价表（二）； 4.58 拟分包工程申请审批表
	4.2.23 分包方管理 对分包方进场人员和设备进行验证；督促分包方对进场作业人员进行安全教育，考核合格后进入现场作业；对分包方人员进行安全交底；审查分包方编制的安全施工措施，并督促落实；定期识别分包方的作业风险，督促落实安全措施	8	查相关记录并查看现场： 人员或设备验证不全，每少一项扣 1 分； 未经培训合格，每人扣 1 分； 未交底或交底不符合规定，每人扣 2 分； 未定期识别分包方的作业风险，督促落实安全措施，扣 8 分	4.66 劳务分承包方管理工作考核表； 4.67 合格劳务分承包方名册
4.3 职业健康（50分）	4.3.1 建立职业健康管理制度，明确职业危害的管理职责、作业环境、“三同时”、劳动防护品及职业病防护设施、职业健康检查与档案管理、职业危害告知、职业病申报、职业病治疗和康复、职业危害因素的辨识、监测、评价和控制的职责和要求	2	查制度文：本 未以正式文件发布，扣 2 分； 制度内容不全，每缺一项扣 1 分； 制度内容不符合有关规定，每项扣 1 分	
	4.3.2 结合工程施工作业及其采用的工艺方法，按照有关规定开展职业危害因素辨识工作，并评估职业危害因素的种类、浓度、强度及其对人体危害的途径，策划并明确相应的控制措施	4	查相关记录： 职业危害因素辨识、评估不全，每缺一项扣 1 分； 未制定控制措施，每项扣 1 分	4.68 职业危害因素识别表

续附表 4

二级评审项目	三级评审项目	标准分值	评审方法及评分标准	对应表格
4.3 职业健康（50分）	4.3.3 为从业人员提供符合职业健康要求的工作环境和条件，配备相适应的职业健康防护用品。在产生职业病危害的工作场所应设置相应的职业病防护设施。砂石料生产系统、混凝土生产系统、钻孔作业、洞室作业等产生职业病危害的工作场所的粉尘、噪声、毒物等指标应符合有关标准的规定	6	查相关记录并查看现场： 未配备相适应的劳动防护用品，每人扣 1 分； 未按规定正确佩戴劳动防护用品，每人扣 1 分； 产生职业病危害的工作场所未设置职业病防护设施，每处扣 2 分； 工作场所的粉尘、噪声、毒物等指标超标，每处扣 2 分	4.75 劳动防护用品发放台账； 4.76 劳动防护用品采购登记台账
	4.3.4 施工布置应确保使用有毒、有害物品的作业场所与生活区、辅助生产区分开，作业场所不应住人；将有害作业与无害作业分开，高毒工作场所与其他工作场所隔离	3	查相关记录并查看现场： 布置不合理，扣 3 分； 作业场所住人，扣 3 分； 高毒场所与其他场所未有效隔离，扣 3 分	
	4.3.5 在可能发生急性职业危害的有毒、有害工作场所，设置报警装置，制定应急处置方案，现场配置急救用品、设备，并设置应急撤离通道	4	查相关记录和查看现场： 报警装置设置不全，每少一处扣 2 分； 报警装置不能正常工作，每处扣 2 分； 无应急处置方案，扣 4 分； 无急救用品、设备、应急撤离通道，扣 4 分	
	4.3.6 各种防护用品、器具定点存放在安全、便于取用的地方，建立台账，并指定专人负责保管防护器具，并定期校验和维护，确保其处于正常状态	3	查相关记录和查看现场： 防护用品、器具存放不符合规定，每处扣 1 分； 未建立台账，扣 3 分； 未指定专人保管，扣 3 分； 未定期校验和维护，每项扣 1 分	4.74 职业卫生防护设施检测记录表； 4.77 劳动防护用品定期校验和维护记录表
	4.3.7 对从事接触职业病危害的作业人员应按规定组织上岗前、在岗期间和离岗时职业健康检查，建立健全职业卫生档案和员工健康监护档案	4	查相关记录： 职业健康检查不全，每少一人扣 1 分； 职业卫生档案和健康监护档案不全，每少一人扣 1 分	
	4.3.8 按规定给予职业病患者及时的治疗、疗养；患有职业禁忌症的员工，应及时调整到合适岗位	3	查相关记录和档案： 职业病患者未得到及时治疗、疗养，每人扣 1 分； 患有职业禁忌症的员工未及时调整到合适岗位，每人扣 1 分	
	4.3.9 与从业人员订立劳动合同时，如实告知作业过程中可能产生的职业危害及其后果、防护措施等	4	查相关记录： 未如实告知，每人扣 1 分	

续附表 4

二级评审项目	三级评审项目	标准分值	评审方法及评分标准	对应表格
4.3 职业健康（50分）	4.3.10 对接触严重职业危害的作业人员进行警示教育，使其了解施工过程中的职业危害、预防和应急处理措施；在严重职业危害的作业岗位，设置警示标识和警示说明，警示说明应载明职业危害的种类、后果、预防以及应急救治措施	4	查相关记录、查看现场并问询： 培训不全，每少一人扣 1 分； 作业人员不清楚职业危害、预防和应急处理措施，每人扣 1 分； 未设置警示标识和警示说明，每处扣 1 分； 警示标识和警示说明不符合要求，每处扣 1 分	
	4.3.11 工作场所存在职业病目录所列职业病的危害因素的，按照有关规定，通过“职业病危害项目申报系统”及时、如实向所在地有关部门申报危害项目，发生变化后及时补报	3	查相关记录： 未按规定申报，扣 3 分； 申报材料内容不全，每缺一类扣 1 分； 发生变化未及时补报，每缺一类扣 1 分	4.72 职业病危害项目申报表
	4.3.12 按照规定制定职业危害场所检测计划，定期对职业危害场所进行检测，并将检测结果存档	6	查相关记录和档案： 未制定职业危害场所检测计划，扣 6 分； 未定期检测，每少一次扣 1 分； 检测结果未存档，每少一次扣 1 分	4.73 有毒、有害作业场所检测记录表
	4.3.13 职业病危害因素浓度或强度超过职业接触限值的，制定切实有效的整改方案，立即进行整改	4	查相关记录： 未制定有效的整改方案，扣 2 分； 未整改，扣 2 分	
4.4 警示标志（25分）	4.4.1 制定包括施工现场安全和职业病危害警示标志、标牌的采购、制作、安装和维护等内容的管理制度	2	查制度文本： 未以正式文件发布，扣 2 分； 制度内容不全，每缺一项扣 1 分； 制度内容不符合有关规定，每项扣 1 分	4.55 安全警示标志、标牌使用计划
	4.4.2 按照规定和场所的安全风险特点，在有重大危险源、较大危险因素和严重职业病危害因素的场所（包括施工起重机械、临时供用电设施、脚手架、出入通道口、楼梯口、电梯井口、孔洞口、桥梁口、隧道口、陡坡边缘、变压器配电房、爆破物品库、油品库、危险有害气体和液体存放处等）及危险作业现场（包括爆破作业、大型设备设施安装或拆除作业、起重吊装作业、高处作业、水上作业、设备设施维修作业等），应设置明显的安全警示标志和职业病危害警示标识，告知危险的种类、后果及应急措施等，危险处所夜间应设红灯示警；在危险作业现场设置警戒区、安全隔离设施，并安排专人现场监护	18	查相关记录和查看现场： 未按规定设置警示标志标识，每处扣 2 分； 危险作业现场未按规定设置安全警戒区或安全隔离设施，每处扣 2 分； 危险作业现场无专人监护，扣 5 分	4.55 安全警示标志、标牌使用计划

续附表 4

二级评审项目	三级评审项目	标准分值	评审方法及评分标准	对应表格
4.4 警示标志（25分）	4.4.3 定期对警示标志进行检查维护，确保其完好有效	5	查相关记录和查看现场： 未定期进行检查维护，扣 5 分； 警示标志损坏，每处扣 1 分	
小计		450	得分小计	

附表 5　安全风险管控及隐患排查治理（170 分）

二级评审项目	三级评审项目	标准分值	评审方法及评分标准	对应表格
5.1 安全风险管理（40分）	5.1.1 安全风险管理制度应明确风险辨识与评估的职责、范围、方法、准则和工作程序等内容	2	查制度文本： 未以正式文件发布，扣 2 分； 制度内容不全，每缺一项扣 1 分； 制度内容不符合有关规定，每项扣 1 分	
	5.1.2 组织对安全风险进行全面、系统的辨识，对辨识资料进行统计、分析、整理和归档	10	查相关记录并查看现场： 未实施安全风险辨识，扣 10 分； 辨识内容不全或与实际不符，每项扣 2 分； 统计、分析、整理和归档资料不全，每缺一项扣 2 分	
	5.1.3 选择合适的方法，定期对所辨识出的存在安全风险的作业活动、设备设施、物料等进行评估。风险评估时，至少从影响人、财产和环境三个方面的可能性和严重程度进行分析	7	查相关记录： 未实施风险评估，扣 7 分； 风险评估对象不全，每缺一项扣 1 分； 风险评估内容不全，每缺一项扣 1 分	
	5.1.4 根据评估结果，确定安全风险等级，实施分级分类差异化动态管理，制定并落实相应的安全风险控制措施（包括工程技术措施、管理控制措施、个体防护措施等），对安全风险进行控制	8	查相关记录并查看现场： 未确定安全风险等级，每项扣 2 分； 未实施分级分类差异化动态管理，每项扣 2 分； 控制措施制定或落实不到位，每项扣 2 分	5.6 重大危险源/控制措施/管理方案评审表
	5.1.5 将评估结果及所采取的控制措施告知从业人员，使其熟悉工作岗位和作业环境中存在的安全风险	3	查相关记录并现场问询： 告知不全，每少一人扣 1 分； 不熟悉安全风险有关内容，每人扣 1 分	
	5.1.6 变更管理制度应明确组织机构、施工人员、施工方案、设备设施、作业过程及环境发生变化时的审批程序及相关要求	2	查制度文本： 未以正式文件发布，扣 2 分； 制度内容不全，每缺一项扣 1 分； 制度内容不符合有关规定，每项扣 1 分	
	5.1.7 变更前，应对变更过程及变更后可能产生的风险进行分析，制定控制措施，履行审批及验收程序，并告知和培训相关从业人员	8	查相关记录： 变更前未进行风险分析，每项扣 2 分； 未制定控制措施，每项扣 2 分； 未履行审批或验收程序，每项扣 2 分； 未告知或培训，每项扣 2 分	

续附表 5

二级评审项目	三级评审项目	标准分值	评审方法及评分标准	对应表格
5.2 重大危险源辨识和管理（55分）	5.2.1 重大危险源管理制度应明确重大危险源辨识、评价和控制的职责、方法、范围、流程等要求	2	查制度文本： 未以正式文件发布，扣 2 分； 制度内容不全，每缺一项扣 1 分； 制度内容不符合有关规定，每项扣 1 分	
	5.2.2 开工前，进行重大危险源辨识、评估，确定危险等级，并将辨识、评估成果及时报监理单位和项目法人	10	查相关记录： 未进行重大危险源辨识，扣 10 分； 辨识或评估不全，每缺一项扣 2 分； 未确定危险等级，每项扣 2 分； 未及时报备，每项扣 2 分	5.2 重大危险源清单； 5.5 施工现场重大危险源申报表
	5.2.3 针对重大危险源制定防控措施，明确责任部门和责任人，并登记建档	6	查相关记录： 未制定防控措施，每项扣 1 分； 未明确责任部门和责任人，每项扣 1 分	5.2 重大危险源清单
	5.2.4 按照国家有关规定，定期对重大危险源的安全设施和安全监测监控系统进行检测、检验，并进行经常性维护、保养，保证安全设施和安全监测监控系统有效、可靠运行。维护、保养、检测应当作好记录，并由有关人员签字	15	查相关记录并查看现场： 未定期检测、检验，每项扣 1 分； 未维护、保养，每项扣 1 分	5.3 重大危险源动态监控记录； 5.4 重大危险源监控情况汇总表
	5.2.5 对重大危险源的管理人员进行培训，使其了解重大危险源的危险特性，熟悉重大危险源安全管理规章制度，掌握安全操作技能和应急措施	5	查相关记录并现场问询： 培训不全，每少一人扣 2 分； 不熟悉重大危险源相关知识，每人扣 1 分	
	5.2.6 在重大危险源现场设置明显的安全警示标志和警示牌。警示牌内容应包括危险源名称、地点、责任人员、可能的事故类型、控制措施等	5	查看现场： 未设置警示标志和警示牌，每处扣 2 分； 警示牌内容不符合要求，每处扣 1 分	
	5.2.7 制定重大危险源事故应急预案，建立应急救援组织或配备应急救援人员、必要的防护装备及应急救援器材、设备、物资，并保障其完好和方便使用	6	查相关记录并查看现场： 未制定应急预案，每项扣 1 分； 保障措施不到位，每项扣 1 分	
	5.2.8 根据施工进展加强重大危险源的日常监督检查，对危险源实施动态的辨识、评价和控制	3	查相关记录： 日常监督检查不到位，每项扣 1 分； 未进行动态管理，每项扣 1 分	5.1 危险源辨识评价记录
	5.2.9 按规定将重大危险源向主管部门备案	3	查相关记录： 未按规定备案，每项扣 1 分	
5.3 隐患排查治理（60分）	5.3.1 事故隐患排查制度应包括隐患排查目的、内容、方法、频次和要求等	2	查制度文本： 未以正式文件发布，扣 2 分； 制度内容不全，每缺一项扣 1 分； 制度内容不符合有关规定，每项扣 1 分	

续附表 5

二级评审项目	三级评审项目	标准分值	评审方法及评分标准	对应表格
5.3 隐患排查治理（60分）	5.3.2 根据事故隐患排查制度开展事故隐患排查，排查前应制定排查方案，明确排查的目的、范围和方法；排查方式主要包括定期综合检查、专项检查、季节性检查、节假日检查和日常检查等；对排查出的事故隐患，应及时书面通知有关责任部门，定人、定时、定措施进行整改，并按照事故隐患的等级建立事故隐患信息台账。相关方排查出的隐患统一纳入本单位隐患管理。至少每两月自行组织一次安全生产综合检查	10	查相关记录并查看现场： 未制定排查方案，每次扣 1 分； 排查方式不全，每缺一项扣 2 分； 排查结果与现场实际不符，每次扣 1 分； 未书面通知有关部门，每次扣 1 分； 隐患信息台账不全，每缺一项扣 1 分； 未将相关方隐患纳入本单位隐患管理，扣 5 分； 安全生产综合检查频次不够，每少一次扣 1 分； 按照《水利工程生产安全重大事故隐患判定标准（试行）》，存在重大事故隐患的，不得评定为安全生产标准化达标单位	5.7 安全检查及隐患排查记录表； 5.8 安全员日检表； 5.9 施工现场月检表； 5.10 施工现场检查记录表； 5.11 春季安全检查表； 5.12 夏季安全检查表； 5.13 秋季安全检查表； 5.14 冬季安全检查表； 5.15 节假日安全检查表； 5.16 隐患整改通知单； 5.17 安全隐患整改反馈单； 5.18 隐患汇总登记台账（第__×__季度）
	5.3.3 建立事故隐患报告和举报奖励制度，鼓励、发动职工发现和排除事故隐患，鼓励社会公众举报。对发现、排除和举报事故隐患的有功人员，应给予物质奖励和表彰	5	查制度文本和相关记录： 未建立事故隐患报告和举报奖励制度，扣 2 分； 制度内容不全，每缺一项扣 1 分； 制度内容不符合有关规定，每项扣 1 分； 无物质奖励和表彰记录，扣 5 分	
	5.3.4 单位主要负责人组织制定重大事故隐患治理方案，经监理单位审核，报项目法人同意后实施。治理方案应包括下列内容：重大事故隐患描述；治理的目标和任务；采取的方法和措施；经费和物资的落实；负责治理的机构和人员；治理的时限和要求；安全措施和应急预案等	5	查相关记录并查看现场： 未制定治理方案，扣 5 分； 治理方案内容不符合要求，每项扣 1 分； 审批程序不符合要求，扣 5 分； 未按治理方案实施，扣 5 分	
	5.3.5 建立事故隐患治理和建档监控制度，逐级建立并落实隐患治理和监控责任制	2	查制度文本： 未以正式文件发布，扣 2 分； 制度内容不全，每缺一项扣 1 分； 制度内容不符合有关规定，每项扣 1 分	
	5.3.6 一般事故隐患应立即组织整改	6	查相关记录： 一般事故隐患未立即组织整改，每项扣 1 分	
	5.3.7 事故隐患整改到位前，应采取相应的安全防范措施，防止事故发生	5	查相关记录并查看现场： 未采取安全防范措施，每项扣 1 分	

续附表 5

二级评审项目	三级评审项目	标准分值	评审方法及评分标准	对应表格
5.3 隐患排查治理（60分）	5.3.8 重大事故隐患治理完成后，对治理情况进行验证和效果评估，经监理单位审核，报项目法人。一般事故隐患治理完成后，对治理情况进行复查，并在隐患整改通知单上签署明确意见	10	查相关记录并查看现场： 对于重大事故隐患，未进行验证、效果评估，扣 10 分； 对于一般事故隐患，未复查或未签署意见，每项扣 2 分	
	5.3.9 按月、季、年对隐患排查治理情况进行统计分析，形成书面报告，经单位主要负责人签字后，报项目法人，并向从业人员通报	5	查相关记录： 未按规定进行统计分析和报告，每次扣 1 分； 未向从业人员通报，每次扣 1 分	5.19 生产安全事故隐患排查治理情况××季度统计分析表； 5.20 生产安全事故隐患排查治理情况×××年度统计分析表
	5.3.10 地方人民政府或有关部门挂牌督办并责令全部或者局部停止施工的重大事故隐患，治理工作结束后，应组织本单位的技术人员和专家对治理情况进行评估。经治理后符合安全生产条件的，由项目法人向有关部门提出恢复施工的书面申请，经审查同意后，方可恢复施工	5	查相关记录并查看现场： 未按规定进行评估，扣 5 分； 未经审查同意恢复施工，扣 5 分	
	5.3.11 运用隐患自查、自改、自报信息系统，通过信息系统对隐患排查、报告、治理、销账等过程进行管理和统计分析，并按照有关要求报送隐患排查治理情况	5	查相关文件和记录： 未应用信息系统进行隐患管理和统计分析，扣 5 分； 隐患管理和统计分析内容不完整，每缺一项扣 1 分； 未按照要求报送隐患排查治理情况，每次扣 1 分	5.21 事故隐患整改情况记录表； 5.22 事故隐患治理情况验收和评价记录表
5.4 预测预警（15分）	5.4.1 根据施工企业特点，结合安全风险管理、隐患排查治理及事故等情况，运用定量或定性的安全生产预测预警技术，建立体现安全生产状况及发展趋势的安全生产预测预警体系	5	查相关文件和记录资料： 未建立安全生产预测预警体系，扣 5 分； 预测预警体系内容不全，每缺一项扣 1 分	
	5.4.2 采取多种途径及时获取水文、气象等信息，在接到有关自然灾害预报时，应及时发出预警通知；发生可能危及安全的情况时，应采取撤离人员、停止作业、加强监测等安全措施，并及时向项目主管部门和有关部门报告	5	查相关文件和记录： 获取信息不及时，每次扣 2 分； 未及时发出预警通知，扣 5 分； 未采取安全措施，扣 5 分； 未及时报告，每次扣 2 分	6.4 预警预报记录表

续附表 5

二级评审项目	三级评审项目	标准分值	评审方法及评分标准	对应表格
5.4 预测预警（15 分）	5.4.3 根据安全风险管理、隐患排查治理及事故等统计分析结果，每月至少进行一次安全生产预测预警	5	查相关记录： 未定期进行预测预警，每少一次扣 1 分	
小计		170	得分小计	

附表 6　应急管理（50 分）

二级评审项目	三级评审项目	标准分值	评审方法及评分标准	对应表格
6.1 应急准备（38 分）	6.1.1 建立安全生产应急管理机构，指定专人负责安全生产应急管理工作	6	查相关文件和记录： 未设置管理机构或未指定专人负责，扣 6 分	
	6.1.2 在安全风险分析、评估和应急资源调查的基础上，建立健全生产安全事故应急预案体系，包括综合预案、专项预案、现场处置方案，经监理单位审核，报项目法人备案。针对工作场所、岗位的特点，编制简明、实用、有效的应急处置卡。项目部的应急预案体系应与项目法人和地方政府的应急预案体系相衔接。按照有关规定通报应急救援队伍、周边企业等有关应急协作单位	8	查相关文件和记录： 应急预案未以正式文件发布，扣 8 分； 应急预案不全，每缺一项扣 1 分； 应急预案内容不完善、操作性差，每项扣 1 分； 未按有关规定审核、报备，扣 5 分； 应急处置卡不全，每缺一项扣 1 分； 应急处置卡内容不完善、操作性差，每项扣 1 分； 未通报有关应急协作单位，扣 1 分	
	6.1.3 应按照应急预案建立应急救援组织，组建应急救援队伍，配备应急救援人员。必要时与当地具备能力的应急救援队伍签订应急支援协议	6	查相关文件和记录： 未建立应急救援队伍或配备应急救援人员，扣 6 分； 应急救援队伍不满足要求，扣 6 分	
	6.1.4 根据可能发生的事故种类特点，设置应急设施，配备应急装备，储备应急物资，建立管理台账，安排专人管理，并定期检查、维护、保养，确保其完好、可靠	10	查相关记录并查看现场： 应急物资、装备不满足要求，每项扣 2 分； 未建立台账，扣 3 分； 未安排专人管理，扣 3 分； 未定期检查、维护、保养，扣 3 分	6.2 应急装备和应急物资台账； 6.3 应急装备和应急物资检查维护记录表； 6.5 应急设备和物资台账； 6.6 应急物资、装备检查、维护记录

续附表 6

二级评审项目	三级评审项目	标准分值	评审方法及评分标准	对应表格
6.1 应急准备（38分）	6.1.5 根据本单位的事故风险特点，每年至少组织一次综合应急预案演练或者专项应急预案演练，每半年至少组织一次现场处置方案演练，做到一线从业人员参与应急演练全覆盖，掌握相关的应急知识。对演练进行总结和评估，根据评估结论和演练发现的问题，修订、完善应急预案，改进应急准备工作	5	查相关记录并现场问询： 未按规定进行演练，每次扣 2 分； 不熟悉相关应急知识，每人扣 1 分； 未进行总结和评估，每次扣 1 分； 未根据评估意见修订完善预案，每次扣 1 分； 未根据修订完善后的预案改进工作，每次扣 1 分	6.1 应急演练记录表； 6.7 应急预案演练记录表
	6.1.6 定期评估应急预案，根据评估结果及时进行修订和完善，并及时报备	3	查相关文件和应急预案文本： 未定期评估，扣 3 分； 评估对象不全，每缺一项扣 1 分； 评估内容不全，每缺一项扣 1 分； 未及时修订完善，每项扣 1 分； 未及时报备，每项扣 1 分	6.8 应急演练评估报告
6.2 应急处置（8分）	6.2.1 发生事故后，启动相关应急预案，采取应急处置措施，开展事故救援，必要时寻求社会支援	5	查相关记录： 发生事故未及时启动应急预案，扣 5 分； 未及时采取应急处置措施，扣 5 分	
	6.2.2 应急救援结束后，应尽快完成善后处理、环境清理、监测等工作	3	查相关记录： 善后处理不到位，扣 3 分	
6.3 应急评估（4分）	6.3.1 每年应进行一次应急准备工作的总结评估。完成险情或事故应急处置结束后，应对应急处置工作进行总结评估	4	查相关记录： 未按规定进行总结评估，每次扣 1 分	
小计		50	得分小计	

附表 7　事故管理（30 分）

二级评审项目	三级评审项目	标准分值	评审方法及评分标准	对应表格
7.1 事故报告（6分）	7.1.1 事故报告、调查和处理制度应明确事故报告（包括程序、责任人、时限、内容等）、调查和处理内容（包括事故调查、原因分析、纠正和预防措施、责任追究、统计与分析等），应将造成人员伤亡（轻伤、重伤、死亡等人身伤害和急性中毒）、财产损失（含未遂事故）和较大涉险事故纳入事故调查和处理范畴	2	查制度文本： 未以正式文件发布，扣 2 分； 制度内容不全，每缺一项扣 1 分； 制度内容不符合有关规定，每项扣 1 分	

续附表 7

二级评审项目	三级评审项目	标准分值	评审方法及评分标准	对应表格
7.1 事故报告（6分）	7.1.2 发生事故后按照有关规定及时、准确、完整的向有关部门报告，事故报告后出现新情况时，应当及时补报	4	查相关记录： 未按规定及时补报，扣4分； 存在迟报、漏报、谎报、瞒报事故等行为，不得评定为安全生产标准化达标单位	7.1 生产安全事故（内部）调查报告； 7.9 生产安全事故上报表
7.2 事故调查和处理（21分）	7.2.1 发生事故后，采取有效措施，防止事故扩大，并保护事故现场及有关证据	4	查相关记录： 抢救措施不力，导致事故扩大，扣4分； 未有效保护现场及有关证据，扣4分	
	7.2.2 事故发生后按照有关规定，组织事故调查组对事故进行调查，查明事故发生的时间、经过、原因、波及范围、人员伤亡情况及直接经济损失等。事故调查组应根据有关证据、资料，分析事故的直接、间接原因和事故责任，提出应吸取的教训、整改措施和处理建议，编制事故调查报告	7	查相关文件和记录： 无事故调查报告，扣7分； 报告内容不符合规定，每项扣2分	7.2 生产安全事故调查表； 7.3 生产安全事故登记表； 7.5 生产安全事故现场记录； 7.7 事故整改措施和预防措施实施记录
	7.2.3 事故发生后，由有关人民政府组织事故调查的，应积极配合开展事故调查	3	查相关文件和记录： 未积极配合开展事故调查，扣3分	
	7.2.4 按照“四不放过”的原则进行事故处理	4	查相关文件和记录： 未按“四不放过”的原则处理，扣4分	
	7.2.5 做好事故善后工作	3	查相关文件和记录： 善后处理不到位，扣3分	7.6 生产安全事故处理结果
7.3 事故档案管理（3分）	7.3.1 建立完善的事故档案和事故管理台账，并定期按照有关规定对事故进行统计分析	3	查相关文件和记录： 未建立事故档案和管理台账，扣3分； 事故档案或管理台账不全，每缺一项扣2分； 事故档案或管理台账与实际不符，每项扣1分； 未统计分析，扣3分	7.4 生产安全事故管理台账； 7.8 水利行业生产安全事故月报表 4.70 工伤事故管理台账； 4.71 事故伤害报告表
小计		30	得分小计	

附表 8　持续改进（30 分）

二级评审项目	三级评审项目	标准分值	评审方法及评分标准	对应表格	实际得分
8.1 绩效评定（15 分）	8.1.1 安全生产标准化绩效评定制度应明确评定的组织、时间、人员、内容与范围、方法与技术、报告与分析等要求	2	查制度文本： 未以正式文件发布，扣 2 分； 制度内容不全，每缺一项扣 1 分； 制度内容不符合有关规定，每项扣 1 分		
	8.1.2 每年至少组织一次安全标准化实施情况的检查评定，验证各项安全生产制度措施的适宜性、充分性和有效性，检查安全生产目标、指标的完成情况，提出改进意见，形成评定报告。发生生产安全责任死亡事故，应重新进行评定，全面查找安全生产标准化管理体系中存在的缺陷	6	查相关文件和记录： 主要负责人未组织评定，扣 6 分； 检查评定每年少于一次，扣 6 分； 无评定报告，扣 6 分； 检查评定内容不符合规定，每项扣 2 分； 发生死亡事故后未重新进行评定，扣 6 分		
	8.1.3 评定报告以正式文件印发，向所有部门、所属单位通报安全标准化工作评定结果	2	查相关文件和记录： 未以正式文件发布，扣 2 分； 评定结果未通报，扣 2 分		
	8.1.4 将安全生产标准化自评结果，纳入单位年度绩效考评	3	查相关文件和记录： 未纳入年度绩效考评，扣 3 分； 绩效考评不全，每少一个部门或单位扣 1 分； 考评结果未兑现，每个部门或单位扣 1 分		
	8.1.5 落实安全生产报告制度，定期向有关部门报告安全生产情况，并公示	2	查相关文件和记录： 未报告或公示，扣 2 分		
8.2 持续改进（15 分）	8.2.1 根据安全生产标准化绩效评定结果和安全生产预测预警系统所反映的趋势，客观分析本单位安全生产标准化管理体系的运行质量，及时调整完善相关规章制度、操作规程和过程管控，不断提高安全生产绩效	15	查相关文件和记录： 未及时调整完善，每项扣 2 分		
小计		30	得分小计		